人生不迷茫，青春不落幕

宋歌 祈莫昕 著

南京出版传媒集团
南京出版社

图书在版编目（CIP）数据

人生不迷茫，青春不落幕 / 祈莫昕，宋歌 . 一南京：南京出版社，2016.8

ISBN 978-7-5533-1437-2

Ⅰ. ①人··· Ⅱ. ①祈··· ②宋··· Ⅲ. ①人生哲学一通俗读物 Ⅳ. ①B821-49

中国版本图书馆 CIP 数据核字（2016）第 169330 号

书　　名： 人生不迷茫，青春不落幕
作　　者： 祈莫昕 宋歌
出版发行： 南京出版传媒集团
南 京 出 版 社

社址：南京市太平门街 53 号　　邮编：210016
网址：http://www.njcbs.cn　　电子信箱：njcbs1988@163.com
天猫 1 店：https://njcbcmjtts.tmall.com/
天猫 2 店：https://nanjingchubanshets.tmall.com/
联系电话：025-83283893、83283864（营销）　025-83112257（编务）

出 版 人： 朱同芳
出 品 人： 卢海鸣
责任编辑： 许小彦
责任印制： 杨福彬

印　　刷： 三河市兴国印务有限公司
开　　本： 880 毫米 ×1280 毫米 1/32
印　　张： 7.5
字　　数： 160 千字
版　　次： 2016 年 8 月第 1 版
印　　次： 2018 年 3 月第 4 次印刷
书　　号： ISBN 978-7-5533-1437-2
定　　价： 29.80 元

天 猫 1 店

天 猫 2 店

营销分类：励志

前言 Foreword

人生不迷茫，青春不落幕

青春是我们人生中最美好的时光。

我们勾画梦想的最初模样是在青春时，品尝最初的爱恋是在青春时，对职业产生最初的认知是在青春时，而汲取学识、拥有勇气、积蓄日后展翅高飞的力量，也是在青春时。

甚至可以说，有什么样的青春，就有什么样的人生。我们的整个青春时期就是在为今后的成功和幸福打下基石，抑或为将来的失败与平庸埋下伏笔。

曾经，老狼与叶蓓合唱的《青春无悔》回荡在校园的每一个角落：

“……都说是青春无悔包括所有的爱恋，都还在纷纷说着相许终生的誓言……”

只是青春真的无悔吗？你，我，以及每一个在青春的河流里溯流而上的人，是否曾真正用心思索青春和人生，并完全把握了青春的每一天、每一分钟？

事实上，也许每一段青春都是有悔的，每一个人在青春里都很难做到完完全全无悔。因为拥有青春的我们还不够了解大千世界，不够成熟，因为跳动在青春时光里的那颗心还没有经历人世风雨的磨砺，仍显得稚嫩而脆弱。

这正是青春与人生之间的矛盾所在。我们必须用青春奠定几乎一生的基础，却又只能凭着一双懵懂的眼、一颗茫然的心去探寻生命的脉搏，在跌跌撞撞中前行。

青春是如此珍贵，不容虚待，同时又如同一部有时限的电影，稍纵即逝，不可回转。

有的人将青春演绎成了纠结缠绵的爱情影片，唱着情歌，念着情诗，数着情伤度过晨昏。也许有一日回过头来看，我们会发现那青涩的爱恋和当时坚定的誓言是那么的虚妄、苍白，但又不可否认，它真真切切地在我们心里、在人生的轨迹上留下了不可抹去的印记。

有的人将青春演绎成了拼搏奋斗的梦想励志片，努力向上，抓紧一切时间与机会，为未来的人生蓝图画下基线与底墨，却也因为对自己的兴趣和能力认识不清等原因而感到迷茫，感到力不从心……

所有的青春都不容易，都是一场艰难的修行。

然而我们要相信，所有的青春都可以是绚烂多彩的，只要我们穿越重重迷雾，找到那简单而坚定的初心，回归梦开始的地方。

开始的开始，是我们唱歌，唱每一份爱在心间流淌。

最后的最后，是我们在走，走向那阳光明朗的远方。

目录 Contents

Part 01

青春不是一段肆意挥霍的时光

青春有多老？时光有多长？

一段无法测量的距离往往掌控着命运的先机。

若消磨，它将黯然无光，

令你的未来平淡无奇；

若珍惜，它将蓄势以发，

令你的未来光芒万丈。

青春是一场无法回放的绝版电影 

上帝是不公平的，用金钱勾勒出贫穷与财富的种种差距；上帝又是公平的，赐给所有年轻人一段等距离的青春年华。在美好的青春年华里迎风飞舞，是年轻人一生中最惬意的姿态。倘若遇见狂风暴雨，你会成为一只折翼的天使，还是逆风飞翔的雄鹰？

林豪勋不是这个问题的唯一注解，却给出了一个漂亮的回答。小伙子是中国台湾台东卑南人。25岁那年，他去帮姐姐改建房子，不料一脚踩空，从楼上摔下，导致颈椎以下部位全部瘫痪，四肢僵硬，严重变形，只有头部能动。

在卧床的前两年，林豪勋每天都沉浸在绝望里。“我的青春才刚刚开始，却成为一个连自杀都无法做到的废人，人生还有什么意义？”

1990年年底，好心的朋友给林豪勋送来一台已经淘汰的286电脑。起初，在林豪勋眼里，似乎连这台电脑都在嘲笑自己，手脚不能动，还能用什么来敲键盘？后来终于有一天，他从自怨自艾中转变过来。“青春只有一次，如果就这样屈服于命运，躺在床上无所事事地浪费青春，还算是男子汉吗？”

从那以后，这个躺在床上的小伙子开始咬着一根加长筷子反复练习敲击键盘。“嗒，嗒，嗒”，久而久之，他的门牙因为时常咬着筷子敲击键盘而缺了半截，嘴唇和舌头也经常被磨破，但他仍然顽强地在电脑上敲击着自己的青春和未来。

利用破旧的 286 电脑，林豪勋先后为 260 多位亲友整理了家谱。接着，他又编写了《卑南字典》，完成了 5000 个族语的记录。

1993 年，林豪勋接触到电脑音乐，开始以全身心的热情创作卑南交响乐。他先将祖上流传的卑南遗音一点点输入电脑，再将其融入曹族的旋律、布农族的杵音和泰雅族的口簧琴，最终通过电脑合成一曲美妙的交响乐。

林豪勋虽然还是一天一天过着躺在床上的日子，但心态已经与当初截然不同。青春不能重来，人生不能重来，只要活着，他就要认真地过好每一天。

不同的心态完全能创造出两种不同的人生，倘若林豪勋仍然是一个在病患中日日消沉的残疾青年，那么他的青春将黯然失色，他的未来也将一目了然。可是当思想转念，心境改变，即便终生躺在床上，谁又知道他将来会创造出什么奇迹呢？用汗水浇灌的青春必然绽放满园春色。

与林豪勋相比，比他早两个多世纪的乔治·华盛顿既幸运又不幸。幸运的是，他有个健全的身体；不幸的是，他比林豪勋更早地经受青春的考验。

1747 年春天，美洲，15 岁的乔治·华盛顿得到一份测量工作，前往弗吉尼亚的蛮荒之地去测量土壤，搜集当地土壤的质量和成份等数据。在以马为主要交通工具的时代，这是一个连成年人都难以完成的艰巨任务。伙伴们都认为华盛顿在做一件蠢事，根本不可能完成。

那么那个少年华盛顿做了什么？他将别人的嘲笑远远抛在脑后，自己骑着一匹马义无反顾地踏上了行程。在接下来的两年里，他常常一天走出 60 多千米的荒路，挖出不同土层，通过一些简单的仪器观测，并记录下土壤的数据资料。方圆几百千米的山野荒漠里，除了华盛顿，往往连个人影都看不见。每天，他渴了就喝点冷水，饿了采些野菜，为了补充体力，还不得不抓些昆虫烤着吃。更艰苦的是，到了晚上，这个少年只能睡在山洞里或山坡上，而且必须时刻保持警惕，以防遭到野兽的攻击。

两年的野外工作并没有累垮华盛顿，反而使他变得更机警，更强壮。雇主对他采集来的土壤信息非常满意，于是推荐他去担任政府的测量员。在之后三年的测量工作中，华盛顿学会与各色人等打交道，学会看地图，学会随机应变，为以后成为一名卓越的军事家打下了坚实的基础。

青春时期踩出的每一个足迹都在预示着将来能走出多远，华盛顿付出的所有艰辛最终助他成为美国第一任总统。另一个年轻人比他更顽强，更努力，同样在人生道路上取得了非凡成就。

1946 年，在美国纽约贫民窟的一所慈善医院里，一个男孩出生了。然而由于医生的失误，男孩长大以后左脸部分肌肉瘫痪，左眼睑与左边嘴唇下垂，说话也比较困难。

多年以后，男孩长大成人。他的梦想是当演员、拍电影，可是摸遍口袋，所有的钱加起来却买不起一件像样的西服。为了生活，他干过许多辛苦的工作，比如清洗狮笼、送外卖、帮别人钓鱼、照看书摊、当影院的领座员……闲暇之余，当演员、拍电影的愿望变得越来越强烈，年轻人开始尝试着自己写剧本。

剧本完成后，他将好莱坞的500家电影公司依次排列出来，然后带着剧本一家家前去自荐。第一轮下来，没有一家电影公司愿意聘用他。年轻人没有灰心，又从第一家电影公司开始，继续第二轮自我推荐，结果与第一轮相同，得到的还是拒绝。第三轮，仍然没有一家电影公司愿意接纳他。年轻人鼓足勇气，又开始了第四轮自荐。这一次，当他拜访到第350家电影公司时，老板竟然意外地留下了剧本。几天后，年轻人得到通知，这家公司决定投资拍摄，并请他担任男一号。

就这样，年轻人出任电影《洛奇》的男主角。这部电影上映后，竟然成为当年的票房黑马，并且获得了奥斯卡金像奖最佳影片与最佳导演奖，男一号获得奥斯卡金像奖最佳男主角提名与最佳编剧提名。这个年轻人的名字就是西尔维斯特·史泰龙。

对于一个初出茅庐的编剧和演员来说，还有什么比这更让人觉得兴奋的？史泰龙在青春岁月里越过种种坎坷，在荧屏上缔造了拳手洛奇这一经典英雄形象。在其后的40年里，他又在《第一滴血》《敢死队》《龙出生天》等系列影片中有了不俗表现，最终成为“荧屏铁血猛男”的代表人物，并在2009年获得威尼斯电影节授予的“电影人荣誉最高奖”。

没有青春岁月里的艰苦付出，没有第一次的坚持与奋起，也许林豪勋、华盛顿、史泰龙会从此一蹶不振，陷入低谷里，再难雄起。错过人生最美的年华，虚度人生最值得拼搏的时期，未来又怎能给予丰厚的回报？于演员，青春是舞台上一次光芒四射的表演；于观众，青春是一场无法回放的绝版电影。

别浪费了最能拼的年龄，而让自己无所事事 

一生中最好的年龄就是青春了，她让你有足够的理由可以恣意飞扬，可以倾其所有，可以四处闯荡，纵使遍体鳞伤，大不了舔舔伤口从头再来。一生中最能拼的年龄也是青春，她是人生旅途上的第一个加油站，能够给你强劲的动力，助你腾飞。

1871 年 5 月 6 日，维克多·格林尼亚出生在法国瑟儿堡一个很有名望的富裕家庭。维克多集万千宠爱于一身，从小想要什么就有什么，自然而然就养成了盛气凌人、目空一切的脾性。长大以后，娇生惯养的维克多根本无心学习，整天放纵自己游手好闲，跟一些年轻貌美的姑娘们打得火热。

瑟儿堡的上流社会经常举行宴会，维克多是宴会上的常客，总把宴会上的美女列为追逐的目标。有一天，他打扮光鲜去参加一场午宴，刚到宴会现场，就发现了一名光彩照人的女子。维克多兴致勃勃地走过去，傲气十足地邀请女子共舞。没想到对方毫不客气地说："请你站得离我远一些，我最讨厌被一些不学无术的人挡住视线！"

这是维克多有生以来第一次遭到拒绝，他顿时感到又羞又怒，恨不得找个地缝钻进去。当他打听到女子是巴黎著名的波多丽女伯爵时，不禁吃了一惊，开始意识到自己的行为既可笑又鲁莽。女伯爵的话像一记重锤狠狠地敲在维克多的心上，他不由得反思起自己平日的所作所为：过去那种自以为是的生活多么令人瞧不起呀！

羞愧万分的维克多决心追回过去虚度的光阴。他离开衣食无忧的家庭，来到里昂，想进入大学学习，但由于功课一塌糊涂，根本没有进入大学的资格。后来，在老教授路易·波韦尔的帮助下，维克多废寝忘食地猛补功课，只用了两年的时间就将以前落下的课程全部补了回来，开始进入里昂大学插班学习。

在大学学习期间，维克多努力认真的学习态度为他赢得了有机化学的权威人士菲利普·巴尔的关注。在巴尔教授的指导下，这个勤奋的学生如鱼得水，仅在 1901 ～ 1905 年就发表了大约 200 篇论文，科研成果连连获奖。8 年以后，维克多经过大量试验，终于发明了以他本人名字命名的"格氏试剂"。

鉴于维克多在化学方面做出的杰出贡献，里昂大学破格授予其科学博士的学位。1912 年，瑞典皇家科学院又授予他诺贝尔化学奖。这个消息轰动了整个法国，维克多的故乡瑟儿堡更是自豪不已，为了不起的化学家举行一场了盛大的庆祝会。有一天，维克多收到一封波多丽女伯爵寄来的贺信，上面只有一句话："我永远敬爱您！"

维克多的心里将掀起多少波澜？当年，女伯爵的一句话犹如当头一棒，敲醒了一个浪荡公子，也成就了一位化学家。如今，女伯爵的一句话又如沾着雨露的花儿，带着清洌的香气扑面而来。对维克多本人来说，也许它比至高无上的奖项更具有非凡的意义。

其实许多年轻人都曾像维克多一样，总以为自己有时间，有活力，有挥霍青春的资本，也总是在彷徨中虚度光阴，迷失自我。有的人虽然知道自己浪费了大好时光而心怀愧疚，却不知道接下来应该如何去做，再加上惰性占据了主导地位，渐渐变得意志消沉，最终一事无成。难道非要到了那时候才会幡然悔悟？悔悟又有什么用呢？维克多没有给自己寻找任何借口，而是在最能拼的年龄选择了全力以赴去拼搏奋斗。

如今功成名就的小罗伯特·唐尼也曾在青春时期经历过一段残酷的人生考验。

18 岁那年，父亲对唐尼说："你已经长大成人，别再打电话找我要钱，1 元钱我都不会给你！"唐尼当时有点懵，呆了好几秒才意识到该为未来的人生独自奔波了，父母再也不会给自己衣食无忧的生活。

唐尼离开家，搬进一个小小的房间，开始在一家餐馆里打工。辛苦工作之余，为了实现当演员的梦想，唐尼还设法申请到一些类似跑龙套的小角色。

因为担心自己演砸了，唐尼每次都会提前一个半小时到达片场，事先在脑海里将场景、动作、台词整个儿过一遍。演戏间隙，唐尼会帮着剧组人员一块儿拆布景，每周算下来能赚 50 美元，负担自己的日常开销丝毫没有问题。

为了快速提升自己，唐尼不放过任何一个学习的机会。他的身边随时带着学习资料，一有空就在安静的角落里读书。这个年轻小伙子拼命地学习和演戏，誓要改变此前碌碌无为的生活状态。

1992年，唐尼凭借影片《卓别林》获得英国电影学院奖最佳男主角奖和奥斯卡金像奖最佳男主角的提名，他真的成功了！奖杯、鲜花和掌声如潮而来，唐尼陷入了巨大的喜悦之中。紧接着，毒品的诱惑又悄悄袭来，他开始沾染各种迷幻剂。1997年，唐尼因吸毒被逮捕并强制戒毒，两年后方才出狱。

重新奋起的唐尼一路拼搏，迅速攀至巅峰，由他主演的《钢铁侠》《大侦探福尔摩斯》《复仇者联盟》等多部优秀电影连获多项大奖，唐尼成为家喻户晓的大明星，他俨然已被视为票房的保证。2015年，唐尼不仅获得人民选择奖的最受欢迎男演员奖，同年还荣膺福布斯全球演员富豪榜第一名!

不管是影视明星还是学界达人，但凡能够取得杰出的成就，必要付出巨大的努力，而这努力的起点通常始于青春时期。另一位在世界政坛声名赫赫的实力派人物也在年轻时遭遇过不小的波折。

1874年11月30日，温斯顿·丘吉尔降生在英国牛津郡伍德斯托克的一个贵族家庭。他从小缺少父母的关爱，父亲忙于政治活动，母亲将大部分时间都花在社交上。丘吉尔从小生性好动，调皮捣蛋。7岁时进入贵族子弟学校读书，是学校里最调皮、成绩最差的学生之一。1888年，丘吉尔进入著名的哈罗公学就读，但是学业依然不佳，父母决定让丘吉尔到桑德斯军事学院锻炼一下。可是丘吉尔的功课和身体素质实在太差，经过三次考试才勉强考入这所学院。学习期间，他依然我行我素，四处捣蛋。有一次，他还带领一群人强行冲进打烊的酒吧里狂欢一场。渐渐地，丘吉尔的名字在学院里成了一个令人头疼的代名词。

随着年龄的增长，丘吉尔突然转了性，好在这个醒悟来得不算晚。他开始收敛个性，用功学习，大量阅读经典著作。若干年后，当年的劣等生丘吉尔不但获得诺贝尔文学奖，还成为英国历史上最杰出的首相!

比利时有一项针对 60 岁以上国民所做的调查，询问每个人最后悔的事情是什么。调查结果显示有 5 种答案排名靠前，排在第一的是“虚度青春，人生一事无成”。青春是每个人一生中最能拼的年龄，荒废这段时期，以后哪怕付出双倍的努力也难以挽回。更糟糕的是，它会让你远远落后于同龄人。反之，如果在最能拼的年龄里全力以赴，很多同龄人亦会被抛在身后，你的人生将一往无前，充满光明。

为了日后的成功与幸福，别让自己无所事事，别浪费了这一段最能拼的年龄。

原来自己从未认识自己 

很多个清晨，我们对着镜子匆匆洗漱，脑海里飞快地盘算着一天的紧张日程；很多个夜晚，我们看着美剧刷着朋友圈，却从未想过认真审视自己的过往和内心。让忙碌的清晨舒缓一点儿，让安静的夜晚持久一点儿，腾出大脑、留点儿时间来认识一下自己，也许生活会出现意料之外的转变。

凯斯特是一位美国的汽车修理工，平时日子还过得去，但他仍然希望能换一份更好的工作。有一天，他在报纸上看到底特律有家汽车维修公司正在招工，便打电话过去详细咨询了一番，并得到一个面试机会。

面试时间定在星期一，凯斯特在星期日下午来到底特律。吃过晚饭，他在旅馆里想了很多，把此前经历过的事情全都回忆了一遍，突然间觉得非常烦躁，“我并不是智商低下的人，为什么至今没有过上想要的生活呢？”

凯斯特取出纸笔写下四个朋友的名字，这些朋友相识多年，薪水远远超过了自己，其中两个朋友曾是邻居，另外两个是以前的老板。凯斯特心想：除了工作比较差，我还有什么地方比不上他们？他们不见得比我高明多少啊。

终于，凯斯特找到了问题的根源——自己在性格方面存在不少缺陷，仅此一点，就比朋友们差了一大截。想着想着，时钟已指向深夜3点，他的头脑却异常清醒，他发现以前的自己容易冲动，比较自卑，不能平等地与人交往。

整个晚上，凯斯特都在进行自我检讨：原来从懂事以来，自己就是一个缺少自信、得过且过的人，内心深处总是认为自己无法成功，无法改变自己的性格缺陷。有了这一番清醒的认识，他决定改变自己，换一种全新的人生态度。

第二天早晨，凯斯特满怀信心地前去面试，结果顺利得到录用。从那以后，他变得工作积极，心态乐观，为人热情又主动。公司后来进行重组时，凯斯特得到了升职的机会，获得了高薪，还分得一笔可观的股份。

一次夜晚的思考让凯斯特的人生轨迹出现了偏转。如果没有这次转变，凯斯特会不会获得一份渴望的新工作？即便侥幸通过面试，如果没有彻底认识自己，改变自己，那么在工作中又能得到什么呢？恐怕在未来很长时间里都无法遇见一个更好的自己。

我们每个人的生活状态不一定是理想中的，从事的工作也不一定是真心喜欢的。而且在巨大的生活压力下，很多人墨守成规，害怕变化，即使心有不甘，也只得随波逐流。但是在迷惘的日子里，有时候一句鼓励的话语，一个简单的行动，都可能让你认识另一个自己，让你的人生出现新的转机。

有一位美国小伙子，每天晚上在小酒吧里弹钢琴。他的演奏水平相当不错，吸引了不少慕名而来的客人。有天晚上，一位中年顾客听了几首曲子后对小伙子说："我常常听你弹钢琴，这些曲子太熟悉了，不如唱首歌吧。"这个提议得到了很多人的赞同。

小伙子站起来，满脸歉意地说："非常对不起，我没有学过唱歌，从小到大只会弹钢琴。"那位中年顾客鼓励道："嘿！你不唱怎么知道自己不会唱？兴许你就是个歌唱天才呢！"

小伙子推辞不掉，只好红着脸唱了一首歌，结果全场掌声雷动，酒吧里的听众都为他那迷人的唱腔而喝彩。在人们的鼓励下，他开始进军流行歌坛。1949 年，这个小伙子凭借一曲《蒙娜丽莎》在美国流行歌坛大放异彩，他就是后来的爵士歌王纳京高。

从名不见经传的酒吧钢琴师一跃成为家喻户晓的歌坛明星，纳京高无疑是幸运的。他的幸运源于一句温暖的鼓励，没有这句鼓励，他可能无法意识到自己的歌唱天赋，自然也就无从谈及后来的成就；没有这句鼓励，他会走上另一条截然不同的人生之路，也许从此与歌唱事业失之交臂。看吧，认识自己对每个人的生活将产生多么巨大的影响啊！

阿伯特·戴维森也是一个鲜明的例子，不过他的自我认识并非源于别人的鼓励，而是一次水到渠成的转变。

第二次世界大战期间，每个住在美国纽约的人都过得忧心忡忡。有一天，失业演员阿伯特·戴维森在街上游荡，一个流浪汉求他赏点小钱。

戴维森没好气地说:“我已经失业很长时间了，衣袋里空空如也，别烦我！”

流浪汉转身走开，戴维森发现他没有左臂，但是面色红润，衣着整洁，于是喊住对方，问:“知道为什么我不想给你钱吗？”

流浪汉不屑地摇摇头。

“因为你看上去境况要比我好得多！”戴维森说完，示意流浪汉跟着自己走。

回到住所，戴维森取出化妆盒开始给流浪汉化妆。一会儿工夫，流浪汉就变得面色苍白，皱纹横生，头发也是乱蓬蓬的。两天后，流浪汉找到他交上5元钱，说化妆后的第一天自己就赚了30元钱，超过前一天的7倍。

没过多久，另一些乞丐纷纷找上门来请戴维森化妆。戴维森向每人收费2元，把他们打扮成孤独凄苦、绝望无助的样子，还教他们怎样向行人哀诉。连戴维森自己都没有想到他竟然从一名失业演员变成专门给流浪汉提供服务的“化妆师”和“导演”。

一年以后，戴维森搬进新住宅，购买了一辆小汽车。在接下来的16年里，他继续为这一群体提供服务，接触了成千上万个纽约乞丐，也为自己创造了巨大的财富。

有一天，纽约市政厅向乞丐颁布一项禁令，激怒了拥有选民身份的乞丐们。他们组成一支2万人的队伍，在市区一带举行浩大的集会，其中大约1.7万人是戴维森的顾客。乞丐们在会上宣布:“我们需要选举一个能为我们说话并且受过教育的人。”此时，有人提名阿伯特·戴维森，并得到了一致通过。就这样，戴维森又一脚踏上仕途，成为纽约市乞丐协会的秘书长。

人生多么不可思议！在刚刚失业的时候，戴维森怎么也不会想到日后自己将富贾一方。他在人生低谷期走出一条截然不同的道路，就是因为认识到一个完全不同的自己。凯斯特和纳京高不也是因为遇见另一个自己，才迎来了新的转机？

生活告诉我们，失意并不意味着失败，陷入困境可能令人一时沉溺，但认识自己将使未来的道路充满希望。

因为年轻，所以不惧一无所有 

说起世事流年，耄耋老人的内心早已静如止水，可是每当看到孩童们的张扬姿态，他们的眼里仍然会闪现点点亮光——那是对年轻一代的期翼，对往日时光的怀念。即便是对功成名就的中年人来说，若是时光能够倒流，许多人也甘愿用全部金钱去换回一个年轻时代，因为年轻代表着无限希望，年轻从来不惧一无所有。

陈正全的致富经历就是对年轻时代的一个最佳注解。

1990 年，陈正全出生在重庆綦江的一个小山村。两岁的时候，父亲因病去世，家里一贫如洗，只靠种些庄稼度日。2005 年 6 月，15 岁的陈正全不忍心继续读书，瞒着母亲离家外出，在老乡的引荐下进入工地打短工。这份工作很辛苦，但收入并不高，每月几百元的工资仅够维持生活。

每天都想改变命运的陈正全一直在寻找机会。不久，他打听到工地里安装和操作塔吊的工资很高，但这项工作非常危险，稍有不慎就可能危及生命，一般工人都不敢做。可是陈正全不怕，他白天紧跟着师傅学习如何操作，晚上悄悄溜进工地，偷着练习白天师傅操作的环节。靠着这股劲头，不到一个月，他就学会了安装操作和维修塔吊，接下去的一个月，他赚了将近 3 万元。

2006 年春节，陈正全想给工友们做顿年夜饭，便来到附近的菜市场买菜。他看到有人卖嫩姜，过去一问价钱，竟然 2 元钱 1 两。他怀疑自己听错了，又问了一遍，确实是 2 元钱 1 两。回到工地，陈正全把菜交给工友，转身跑去网吧查找有关嫩姜的资料。结果发现很多农民种的都是老姜，种植嫩姜的地方很少，于是萌生出一个想法：我要去种姜！

2007 年 8 月，陈正全带着打工积攒的 10 万元，来到四川有名的仔姜种植地乐山。出发前，工友们都叮嘱他一定要谨慎投资，别把辛辛苦苦赚的钱赔了。陈正全坦然说自己还年轻，即使一无所有，也可以重新开始。

陈正全找到乐山仔姜行业收购生姜的魏宏，魏老板不但种姜技术一流，而且每年发往两广、湖南等省市的生姜约有 2000 多吨，在当地属于行业领军人物。陈正全想与他合作，可是对方当场拒绝了。

陈正全没有气馁，租下了附近一块没人要的低洼地，与魏老板的生姜地紧邻。这样不但可以跟着对方学种姜，还可以联络感情。到了生姜收获的季节，魏老板忙得不可开交，陈正全毕恭毕敬地跟在他后面，帮忙做些力所能及的事。

几天下来，细心的陈正全发现魏老板卖的都是时令姜，没有多大利润，于是便跟对方商量，两个人可以合作建大棚，让仔姜提前 10 到 20 天上市，价格可以提高几倍，能赚到不小的利润。

经过一段时间的接触，魏老板也发现这个年轻人很有想法，而且务实吃苦，于是答应和他合作。双方各自拿出一半资金，建起了 30 亩生姜基地。

2009 年 5 月，两个合作者的仔姜提前 10 多天上市，仅陈正全自己就赚了 60 万元。接着，两人又把生姜基地由 30 亩扩大到 400 亩，当年销售额便增长到 1000 万。

2011 年 3 月，陈正全回到重庆老家承包了三座荒山，大约有 600 多亩，准备全用来种姜。

朋友们劝说："你已经很成功，不要再冒险，万一投资失败，以前的奋斗不就白费了？"

陈正全笑笑说："我还年轻，没什么好怕的。"

凭着这种无所畏惧的精神，陈正全再次获得成功。同年 7 月，他又到海南开辟了 1000 亩生姜基地，一年四季生姜货源不断，每年销往全国各地的生姜达到 5000 多吨，年销售额增至 6000 万元！那一年，陈正全光荣登上了中央电视台的《财富经》节目。

这就是年轻创造的巨大财富，它带给陈正全的并非只有金钱，还有更可贵的勇气与希望。拥有可以抛洒的时间资本，拥有无所畏惧的冒险精神，年轻人便可以任性地去体验成功与失败。即使撞得头破血流、一败涂地，那又怎样？前方还有大把机会等你东山再起。

陈正全用他的亲身经历证明了这一点，周杰伦也是另一个很好的例证，在年轻时不惧一切挑战。这位乐坛明星早在 3 岁时就表现出极高的音乐天赋，周妈妈为了培养儿子，送他去学弹钢琴。高中的时候，因为钢琴弹得好，周杰伦一度成为学校的“知名人物”。

高中毕业后，周杰伦去餐馆做了服务生，每月薪水全部用来购买音乐资料。同事劝他说：“年轻人玩玩乐乐多好，买那些资料有什么用？音乐学会了又能怎样？”周杰伦并没有因为别人的话放弃对理想的追求。

1997 年 9 月，表妹给周杰伦介绍了一个为台湾阿尔发音乐公司伴奏的机会。周杰伦非常珍视，可是他的伴奏却引起台下一片嘘声，之后是强忍着眼泪才完成了难堪的表演。

也许是因为那份认真和坚持吧，周杰伦给负责人留下很深的印象。不久，阿尔发音乐公司请他担任音乐制作助理。这个职位听着不错，杂事却很多，除了写歌，还要负责打扫，有时候甚至要帮同事买盒饭。但周杰伦毫无怨言，总是把上司交待的事情完成得妥当利索。有一天，老板终于注意到这个勤快的年轻人，特意配备了一间办公室让他专职写歌。周杰伦从此能够安心创作，可是他的每一个新作品都被老板无情地否决掉。

一次次打击令周杰伦也曾想过放弃音乐，但他心里明白，一旦放弃就意味着向自己的理想认输！“我还年轻，有什么可畏惧的，大不了奋斗几年后从头再来！”挫折激发了源源不断的创作热情，在接下去的一段日子里，他每天都写出一首新歌交给老板。

老板被这个执着的年轻人感动了，把他的作品推荐给刘德华和张惠妹，可是均遭拒绝。1999 年 12 月，老板对周杰伦说：“如果你能在 10 天内写出 50 首歌，我就从中选出 10 首，为你出一张唱片专辑。”周杰伦欣喜若狂，立刻买回一箱方便面，然后一头钻进创作室里开始拼命创作。

后来，他的第一张专辑被歌迷抢购一空，同年又荣获三项大奖。今时今日，周杰伦已成为无数歌迷心目中的“歌坛男神”和“华语歌王”。

如果问年轻能够给予我们什么，答案当然不是金钱，不是好工作，也不是安逸的生活，而是封存心底已久的希望。只要心怀希望，年轻人不怕犯错，不惧一无所有，更不用担心从头再来，因为他们有足够的时间去纠正错误，去实现梦想。即便梦想破灭，年轻人也有足够的勇气去创造另一个梦想，因为他们正处于人生最非凡的年轻时代。

找到自己的价值，让你的青春与众不同 

荒原里奔啸的老狼，天空中飞翔的雄鹰，森林里跳跃的猴子，沙漠中爬行的蜥蜴……动物们总能在各种生存环境里体现自己的价值。身处钢筋水泥筑成的都市丛林，身边皆是朝气蓬勃的同龄人，你又将如何找到自己的价值，让青春显得个性飞扬、与众不同呢？

如果不是基于这个想法，派蒂·威尔森很可能默默无闻地度过一生。在幼年时期，派蒂被诊断出患有癫痫症。十几岁的时候，她突然觉得癫痫只不过是偶尔带来不便的一个小毛病，如果不能摆脱它或战胜它，自己将碌碌无为地度过一生，那么人生的价值又将体现在哪里呢？

一天早上，派蒂站在准备晨跑的父亲面前说：“爸爸，我想每天跟你一起晨跑，可是犯病了怎么办？”父亲说他知道该如何处理突发病情，于是派蒂开始与父亲一起晨跑，并很快爱上了这项运动。令人惊奇的是，在跑步期间，她的病一次也没有发作。

几个星期过去，派蒂决定给自己树立一个目标。当时女子跑步的最高纪录是 80 英里（约 129 千米），为了打破这项纪录，派蒂制订了一个长远的计划：高一要从橘县跑到旧金山，全程 400 英里（644 千米）；高二要到达俄勒冈州的波特兰，全程 1500 多英里（约 2014 千米）；高三的目标是圣路易市，全程 2000 英里（3219 千米）；高四要向白宫前进，全程约 3000 英里（4828 千米）。

高一时，派蒂穿上写着“我爱癫痫”的衬衫，在父亲的陪伴下一路跑到旧金山。

高二在前往波特兰的路上，她不慎扭伤了脚踝，医生劝她立刻中止跑步，并计划给脚踝打上石膏，以免留下后遗症。派蒂却说：“跑步是我毕生所爱，它可以使我向所有人证明，生命有残缺的人一样能参加长跑！请您帮忙想想办法，让我跑完这段路程。”医生只好做出应急处理，接合了她脚踝的受损处。

派蒂就这样忍着伤痛一路坚持跑到了波特兰。当俄勒冈州的州长陪她跑完最后 1 英里，一条横幅在终点处迎接这位女英雄的到来。那条横幅上醒目地写着：“超级长跑女将派蒂·威尔森在 17 岁生日缔造辉煌的纪录！”

在高中的最后一年，派蒂用 4 个月的时间从美国西岸跑到东岸，终于胜利抵达华盛顿，完成了初中立下的目标。她说：“我想让所有人知道，癫痫患者与一般人没有什么不同，也能过上正常的生活，也能创造自己的人生价值！”

不平凡的青春才能配得起响亮的话语，不平凡的心态才能延续精彩的人生。若是没有爱上跑步，派蒂的青春可能会黯淡无光，她的人生也将与大多数人一样碌碌无为。长跑运动点燃了她心底的希望之光，为她照耀出一段闪亮的青春年华。

找到自己的价值，彰显飞扬的青春，是一件多么美妙的事情！若是受到来自环境、社会、家人或朋友等各方面的压力，不能体现出自己的人生价值，那又将多么痛苦！很多人就是因为迫于压力而放弃了自己的爱好，平平淡淡地走完了一生。也有一部分人坚持己见迎难而上，让自己的青春与未来迸射出绚丽的光彩。

20 世纪 60 年代，一对在非洲工作的欧洲夫妇生下一个男孩，取名约翰·惠斯勒。几年后，他们第一次听到小约翰在非洲丛林里大声呼啸，以为当地的高温和艰苦生活让儿子的心理受到不良影响，于是赶紧带他回到比利时。

离开非洲丛林后，约翰果真不呼啸了，而是爱上了吹口哨，而且几乎到了痴迷的程度。上小学时，老师西蒙娜夫人居然把这个孩子送到精神病医院，目的竟是为了阻止他吹口哨！从小学到高中，许多老师都认为约翰吹口哨属于“疯子行为”，他的父母因此无数次被请去学校。

18 岁的时候，约翰应征入伍。父母本以为在严厉的军事管理下，儿子可以改掉吹口哨的“毛病”。哪曾想没过多久，约翰即被开除军籍，因为他的口哨给军队带来了麻烦。

进入社会的约翰反而觉得如鱼得水，他知道自己的爱好和强项，于是到各个唱片公司去应聘，成了一名负责作曲的音乐工作者。唱片公司很喜欢他的作品，称赞那是伟大的旋律，但也正是因为这些“伟大”的曲子难以配上歌词，所以约翰渐渐受到冷落。

消沉一段时间以后，约翰有了全新的想法。2000 年，他将口哨融于旋律，再配上时尚的电音，打造出自己的第一张专辑《*I'm in love*》。那些歌曲里的口哨元素韵律十足，令人耳目一新，专辑的销量也持续暴涨，约翰在全世界拥有了大批歌迷。

倘若没有认清自己的实力，没有找到自己的价值，约翰怕是早已中途退出，心爱的口哨歌曲也只能沦为工作之余的一种消遣方式。然而，当他顶住压力逆风而行，当他在父母的责怪、老师的苛教、军队的管制下仍然不言放弃，希望的曙光已在前方悄悄闪现，他的整个青春年华也因为这段不平凡的经历而显得光芒四射，与众不同。

人生没有彩排，每天都是现场直播；人生不容后悔，每天都是永不回头。抓住你的青春时刻，找到你的存在价值，就能在这个喧嚣繁杂且易于随波逐流的红尘世界里，让自己活得恣意盎然，活得神采飞扬。

不要等到秋天过了，再感叹春天的绿色 

年轻时虚度宝贵的时光，等于把芬芳的花儿碾作尘土，把美丽的风景抛在身后，将来得到的唯有后悔。别说“没有时间”，只有懒惰的人才会用这个作为借口。也别等到秋天过了，再感叹春天的绿色，勤劳的人从来不会沉溺于过去，只有拖延症患者才能容忍时间从指缝里偷偷溜走。

爱尔斯金尚在求学的时候，有一天，老师卡尔·华尔德问他：“你每天要花多少时间练钢琴？”

爱尔斯金回答：“大约三四个小时。”

卡尔又问：“你是不是觉得练琴需要很长时间，时间越多越好？”

爱尔斯金点点头。

卡尔说：“不能这样！将来你工作以后，每天不会有长时间的空闲，现在就应该养成一有时间就练琴的习惯，哪怕只有几分钟。比如你可以利用上学以前、午饭之后这样的几分钟空闲时间。将练习时间分散在一天中，那么弹钢琴便会渐渐成为你日常生活中的一部分。”

那时候爱尔斯金才14岁，没有深切体会到卡尔那番忠告的价值。他在哥伦比亚大学教书时，打算兼职从事文学创作，但是因为每天都有讲课、阅卷、开会等事情，所以在差不多两年时间里一个字也没写。每当想起曾经的梦想，爱尔斯金只能劝慰自己：“等以后吧，现在真的没有时间。”

一天晚上临睡前，爱尔斯金突然想起卡尔老师说过的那番话。第二天，他开始有意识地将一些零散时间利用起来，只要有几分钟的空档，就会坐下来写一点儿文字。一个星期过去了，爱尔斯金太惊讶了，自己竟然写出了不少文字。

后来，爱尔斯金利用这种将时间积少成多的方法开始撰写长篇小说，同时还坚持练习钢琴。十几年过去了，爱尔斯金终于成为美国一位著名的钢琴家和小说家。

亚历山大·柳比歇夫也非常善于利用时间，一生发布了70余部学术著作及大量论文和专著。他的这些成就和他年轻的时候突然产生的一个想法有密切关系。他想：如果把每天做每件事所用的时间进行统计和分析，以此来改进工作方法，一定能够提高工作效率。于是，柳比歇夫开始将做每件事花费的时间记录下来，并进行月小结和年终总结，创造出一种独特的时间统计法。

其后几十年里，柳比歇夫完全按照这种时间统计法对个人时间进行定量管理，核算时间细致到了令人难以想象的地步。对时间的高效利用最终使他成为俄国著名的昆虫学家、哲学家和数学家。

两位名人的故事告诉我们，善于经营时间的人比其他人更容易取得成功。反过来亦是同样的道理，轻视时间的人往往会贻误先机，致使以后不得不品尝失败的滋味。

1923 年，美国通用汽车公司总裁艾尔弗·雷德·斯隆以敏感的商业嗅觉洞悉到“马车型”汽车不会再受到消费者青睐，漂亮舒适、性能出众的新型汽车将会占领市场，于是下令加快研制新型汽车。

此时，美国福特汽车公司的总裁埃兹尔也意识到了汽车市场即将到来的商机，开始和技术人员夜以继日地投入到工作中，最终设计出了一款新式 T 型车，呈交给父亲老福特。对于老福特来说，T 型车是自己创业成功的标志，承载着自己一生的辉煌，他不允许任何人向它挑战，于是愤怒地否定了新式 T 型车，并对埃兹尔说:“T 型车的质量全国第一而且价格低，目前的销售情况很好。我不想开发什么新式 T 型车，这件事放一放再说！”

1925 年，随着通用公司推出崭新的雪佛兰，福特汽车的市场占有率开始严重下滑，第二年又继续下滑。糟糕的市场行情迫使老福特不得不采取降价的方式来刺激消费，可是由于消费者的喜好已经改变，他的降价策略并没有产生什么效果。

事情发展到这一步，老福特只好组织技术人员开发新款汽车。直到 1927 年 10 月，公司方才推出了新式 A 型车。然而商机一旦失去再难夺回，通用公司凭借新款雪佛兰打了一场漂亮仗，利用时间差抢占了大部分本来属于福特公司的市场。老福特为自己的保守与拖延付出了巨大代价，等于拱手让出至少一半的市场份额。他想起儿子当年的建议，心中不由得五味杂陈。

时间并不能像金钱一样存储起来，以备不时之需，我们能使用的时间只有今天。一个强者会全力以赴地生活在今天，抓住今天就等于抓住了未来，所以他们不会浪费时间，不会让自己陷入“秋天过了，再感叹春天的绿色”的烦恼之中。

美国人汤姆·霍普金斯是一位世界闻名的推销大师，他平均每天卖出一幢房子，3 年内赚到了 3000 万美元，27 岁就成为千万富翁。如今，作为国际培训集团的董事长，汤姆·霍普金斯每年都要出席全球上百场演讲会，分享自己毕生的成功经验。由他撰写的培训书籍被翻译成 30 多种语言，在世界各地广为流传。他的名字被载入吉尼斯世界纪录，成为国际销售界的传奇冠军。

有人问汤姆成功的秘诀是什么，他说：“每当遇到挫折的时候，我的脑海里只有一个信念，就是‘立即行动，坚持到底！’在我的人生字典里，从来没有‘等一等’‘不可能’‘没时间’‘放弃’这些字眼！”

从文学家、昆虫学家到汽车公司总裁、世界级推销大师，无一不在见证着时间的魔力。与他们相比，“拖延症患者”在疏懒散漫中不知失去了多少宝贵的时光。不要再埋怨幸运之神不肯眷顾你，时间老人分配给每一个人的都是均等的礼物。及时醒悟抓住今天吧，春天的时候就应该体会春日风景，别等到秋风刮起时，再感叹春光虚度。

青春不是为了得过且过，而是为了追求卓越

印度电影《三傻大闹宝莱坞》里有一句经典台词："一出生就有人告诉我们，生活是一场赛跑，不跑快点儿就会惨遭蹂躏。哪怕是出生，我们都得和3亿个精子赛跑。"在胎儿形成之前，人生的第一场比赛已经结束，到了青春时，还有多少场比赛正要开始呢？

母体里的精子赛跑是每个人一生中最公平的一场比赛，除此以外，选手们会在很多比赛中发现存在种种差异。1730 年的冬天，摆在 19 岁俄国青年罗蒙诺索夫面前的这场比赛就很不公平。

那一年，罗蒙诺索夫是一个贫穷的渔家少年，独自离开家乡，踏着厚厚的积雪，徒步前往 2 千米之外的莫斯科求学。由于不是贵族子弟，他去了几家学校都被拒之门外。罗蒙诺索夫没有办法，狠狠心买了些昂贵的衣物，装扮成贵族的儿子，方

才得以混入一所贵族教会学校。

学校里的所有课程都用拉丁文讲授，罗蒙诺索夫连一个拉丁字母都不认识，老师便直接把他安排在最后一排。班里的学生大多是 13 岁左右的孩子，指手画脚地嘲讽他："大家快看啊，来了一个不会拉丁文的大傻瓜！"

老师的冷漠和同学的讥笑并没有令罗蒙诺索夫灰心丧气，因为他知道自己是来求学的，只有更加努力，才能成为优秀的学生。很快，罗蒙诺索夫学会了用拉丁文造句，这让老师和同学大吃一惊。他的座位也开始逐渐向前挪动，没多久就挪到了第一排的位置。

罗蒙诺索夫在学习方面从来不骄傲自满，遇到不懂的问题也从不就此放过，总是想办法及时弄明白。几年过去，他先是被选为"大有希望的少年"，保送到彼得堡学院，后来又因为卓越的才能和丰富的拉丁文知识被派往德国。在人生的成长经历中，这个穷学生经过无数次艰苦的努力，终于成为一位世界著名的科学家，并被誉为"俄国科学的始祖"。

既然起点已经很不公平，那么弱势选手该如何去做？罗蒙诺索夫的办法看起来比较"笨"，却是唯一的选择。在这场比赛里，他是把全校学生甩在身后的第一名，更是青春岁月的完美赢家。如果人人都能像罗蒙诺索夫那样要求自己"永远坐在前排"，每个人的人生又何愁不精彩?

无独有偶，当时间回溯到 20 世纪，时空转换到英国某个小城镇里，另一段人生历程也在印证着"前排论"。

这故事的主角是小女孩玛格丽特。玛格丽特从小受到严格的家庭教育，她经常听到父亲说："做事情一定要追求卓越，做到最好，不能落后于人，就算是坐公共汽车也要坐在前排。”

在孩提时的记忆里，父亲决不允许玛格丽特说“我不能”“太难了”之类的话语。虽然这种教育对年幼的孩子来讲有些严格，但也正是基于此，玛格丽特得以拥有坚韧不拔、积极向上的决心，她时时牢记父亲的教导，凡事必求卓越，必争先锋。

刚上大学时，学校的课程计划中要求每个学生要学习五年的拉丁文课程，玛格丽特凭着顽强的毅力刻苦学习，竟然在一个学期里全部学完，而且成绩名列前茅。除了学业方面，她在演讲、体育、唱歌等方面也一直是佼佼者。当年的校长评价她时这样说：“玛格丽特是我们学校建校以来最优秀的学生，她总是雄心勃勃，将每件事情都做得很出色！”

多年以后，英国出现了一位耀眼的女首相玛格丽特·撒切尔夫人。她连续四届当选保守党领袖，雄踞政坛长达 11 年，被世界政坛誉为“铁娘子”。这位铁娘子就是当年的小女孩玛格丽特。

两位学界和政界的知名人物用自己的亲身经历证明了青春岁月时追求卓越的重要意义，他们在青春时期付出艰苦的努力，在未来的漫长道路上又一直保持着前进的姿态，如此努力的奔跑者，怎么可能不取得比赛的胜利呢？

坚持到底，你的人生将攀至顶峰；若是半途而废，你的人生将止步不前。

来看一个天才选手中途退出赛场的例子。本杰明·卡斯坦特尚在童年的时候就已经是当地颇有名气的小才子。这个孩子过目不忘，出口成章，对读过的诗歌很有见解，当别的同龄孩子只会背诵几首儿歌时，他已经在写作方面崭露头角。到了少年时期，本杰明以惊人的文才名震法国文坛，被誉为法国历史上“最具天赋的一位少年”。

天才少年对自己的才华颇为自得，立志要写出一部流芳百世的名著。可是刚过 20 岁的本杰明很快过上了骄傲自满、得过且过的日子，他认为自己的知识多得足够使用，平时根本不乐意向别人求教，觉得谁也不配教他。

本杰明虽然没有忘记昔日的豪言壮语，但真正动起笔来却毫无头绪。为了生活，他曾写过一些谋生之作，谁料出版后销量并不好，甚至一度滞销，导致他的生活也变得日渐拮据起来。

困顿的生活并没有使本杰明警醒，反而让他在泥潭中越陷越深。本杰明开始频繁出入赌场，妄求一夜暴富，后来又沉溺于女色，觉得纵情声色要比独自趴在桌上写作舒服多了。

这位天才的名声变得越来越差，人们开始嘲笑他一事无成，甚至很多朋友都与他疏离了。面对这些状况，本杰明不但没有自我反省，反而把无法实现理想的原因归于精力不足。的确，像他这般挥霍时间，纵情声色，又怎么会给写作留下足够的精力呢？直到最后，本杰明也没有写出一部流芳百世的作品。

真是可惜了那份过人的天赋！若能好好利用这份天赐的礼物，本杰明要取得成功，应当比一般人更加容易。然而先天优势犹如一柄双刃剑，使用得当，可披荆斩棘；使用不当，会伤己伤身。本杰明在青春时期的得过且过预示着他终将早早退出人生赛场。而对于大部分并不具备先天优势的普通选手来说，若能坚持比赛，追求卓越，必将在赛场上取得骄人的成绩，罗蒙诺索夫和玛格丽特不就是最佳证明吗？年轻人应该像他们一样，在青春时期蓄满强劲的能量，在青春时期为了今后的加速奔跑而做好一切准备。

想做的事趁早去做，别让青春留遗憾

生活总是充满很多未知因素，太多人只知道设定理想，却总是在实现理想的道路上缓慢前进或停止向前，从来不肯立即付诸行动。如果将来的条件并不比现在好，机会也并不比现在多，为什么不趁早去做呢？

安东尼·吉娜是大学艺术团的歌剧演员，她在一次校园演讲比赛中说出了自己的梦想："大学毕业后先到欧洲旅游一年，再去美国纽约百老汇，成为那里的一名优秀演员。"

心理学老师问了吉娜一个很尖锐的问题："你今天去百老汇跟毕业以后去有什么区别？"

吉娜想了想，的确没什么区别，大学生活并不能帮她争取到百老汇的工作机会，于是回答："我一年以后就去百老汇！"

老师接着问："你现在去跟一年以后去有什么不同？"

吉娜又想了想，说："我决定下个学期就去！"

老师穷追不舍地问："你现在去跟下学期去又有什么不同？"

吉娜被问得有些发晕，金碧辉煌的舞台和梦中的红舞鞋浮现在她的脑海里，她从没感觉到理想距离自己如此之近，于是张口说道:“那我一个月之后就去！”

老师注视着她，接着问:“你今天去跟一个月之后去有什么不同？”

吉娜激动地憧憬着未来，兴奋地叫起来:“我准备一个星期后就出发！”

老师这才露出赞许的目光，可还是继续追问:“你今天去跟一个星期以后去有什么不同？缺什么生活用品吗？百老汇什么都能买到！”

吉娜点点头，下定了决心:“好，我明天就去！”

老师终于露出微笑，对她说:“想做的事情就要趁早去做，我已经帮你订好明天的机票了！”

第二天，吉娜只身飞赴梦中的理想殿堂。

当时百老汇的制片人正在筹划一部经典剧目，来自世界各国的几百名艺术家汇聚在那里，等待应征主角。百老汇选拔演员非常严格，首先要筛选出十个人，然后每人演绎一段剧本中主角的念白，再经过两轮的艰难角逐，最后才能决出主角。

吉娜一心想要抓住这个机会，她费尽周折弄到排练剧本，立马把自己关在房间里苦练起来，不敢浪费一丁点儿的时间。

面试的时候，吉娜不卑不亢地说:“请允许我表演一段原来排演过的剧目，仅仅需要1分钟。”制片人看出她眼中的热情，破例允许了请求。当他看到吉娜表演的竟然是将要排演的剧目，目光立刻被吸引住了。吉娜忘我地表演着，将剧中主角的真挚情感全部释放出来，将对白演绎得无比精彩。制片人看呆了，好一阵子才回过神来，立即通知工作人员结束面试，眼前这位面试者正是主角的最佳人选！

就这样，吉娜顺利进入百老汇，提前完成了自己的理想和心愿。

在那一刻，吉娜心里最想感谢的是那位心理学老师。没有老师的层层追问，吉娜怎么会赢来这样一个千载难逢的机会？恐怕她要等到毕业之后才能来到百老汇吧。

把想法停留在心动的层次上，每次梦醒仍然是一无所有；把计划付诸行动，它才有可能实现。若连尝试的勇气都没有，又何谈梦想、何谈成功呢？有时候我们需要对自己狠一点儿，无视一切困难，立即开始，不论结果是成功还是失败。只有这样，我们的青春才不会留下遗憾。

比尔·盖茨是全球闻名的亿万富豪，很多人羡慕他今日拥有的财富与地位，却不知道这位名人在青春时期付出的种种艰辛。

读中学的时候，盖茨是个逃课王，整天泡在计算机中心，每每有个好思路，便会立即行动。他经常忙到三更半夜，与同学一起设计简单的电脑程序，赚了不少零用钱。为了学习最新资料，盖茨有时候还会到垃圾桶里翻找一些程序设计师扔掉的笔记或字条，再根据这些资料研究操作系统。进入大学后，盖茨仍然经常逃课，待在电脑实验室里没日没夜地写程序。

1975 年，盖茨和好朋友艾伦·保罗从 MITS 的 Altair 机器得到一丝灵感启示，于是立刻给 MITS 的创办人罗伯茨打电话，称要为Altair提供一套BASIC编译器。罗伯茨在电话里说，无论是谁，只要先写完程序，就可以得到这份工作。

罗伯茨的话无异于一针强心剂，刺激得两个年轻人兴奋不已。接下来的两个月里，盖茨和保罗在宿舍里疯狂地编写和调试程序。两个月后，他们将设计出来的世界上第一个 BASIC 编译器提交上去，MITS 对此赞不绝口。

第一次成功大大鼓舞了盖茨。又过去了三个月，盖茨意识到计算机的发展日新月异，如果等到自己大学毕业再投身这个行业，那么很可能就会错失这千载难逢的好时机。怎么办？既然知道了自己的爱好所在，那就赶紧去做吧，一丁点儿的犹豫都可能令自己萌生悔意。最终，盖茨义无反顾地选择退学，与保罗一起创建了后来闻名世界的微软公司。

有人可能会说，我不是吉娜，不是比尔·盖茨，着手去做，若是遭遇失败怎么办？青春本来就是一个勇于尝试、勇于冒险的时期，适合所有年轻人去面对失败。如果你尚未行动，就先给自己找出无数个无法面对失败的理由，那么本应激情飞扬的青春注定只能被辜负。

年轻人千万不要小看了自己的潜力，它可能强大到连你自己都不敢相信，拿破仑的一则小故事即可以印证这一点。

有一天，正在野外打猎的拿破仑听到附近传来呼救声，跑过去一看，原来有人落水，正在河里一边扑腾一边叫喊。

拿破仑二话不说，举起猎枪瞄准了落水者，并大声喊道："喂！你要是再不爬上来，我就一枪打死你！"

那人吓得当即闭嘴，拼尽全力朝着岸边不停地扑腾，好一会儿后还真划到了岸边。

刚一上岸，那人就气呼呼地跑来质问拿破仑："你不但不救人，还要开枪打死我，我和你有什么冤仇？世上还有比你更坏的人吗？”

拿破仑哈哈一笑，说：“我这么吓唬你，不正好救了你的命嘛！”

年轻人的潜力远远超过你的想象，它在安逸的生活下隐匿已久，久到甚至连自己都会忘记。只有当另“一支猎枪”逼近，巨大的潜力才会瞬间爆发，创造出不可思议的奇迹。

青春是人生中一段最美好的时光，那些善于经营时间、善于抓住今天的年轻人必然会一路勇敢前行。结局是成是败并不重要，大不了回到原点，从头再来。只有不让自己的青春留下遗憾，你才会在暮年回首时对那一段人生历程津津乐道，而不是满怀惆怅，心有不甘。

接纳不完美的自己 

巴尔扎克说过：“不幸是天才的晋升阶梯，是信徒的洗礼之水，是弱者的无底深渊。”许多人生来并不完美，有着各种生理缺陷或性格缺陷，如果因此而一味哀怨、退缩，只能沦为生活的懦夫。面对种种不幸，我们要学会接纳不完美的自己，学会面对现实，扬长避短，用顽强的毅力打开人生的另一扇窗。

在顽强的毅力这一方面，丹尼斯·罗杰斯堪称表率。刚上高中的时候，丹尼斯身高才 1.52 米，体重 36 千克，脊柱有些弯曲，整个人看上去像一个奇怪的问号。他因此被同学们嘲笑为“矮子问号”，时常受到学校体育队队员的欺负。每次上体育课，丹尼斯都觉得很受煎熬，比赛时哪一方也不愿要他，他窘得恨不得找个地缝钻进去。

有一天，老师说：“丹尼斯，从今天起你去特教班上课吧。”

“那不是为残疾学生开的班吗？”

老师拍拍丹尼斯的肩膀，让他赶紧去报到。

放学后，丹尼斯闷闷不乐地回到家里，站在镜子前仔细端详自己：手臂细得可怜，毫无缚鸡之力，而且背弯曲着，自己都不愿意多看一眼！躺在床上发了好一会儿呆，丹尼斯才缓过劲来，开始给自己打气："我一定要战胜自己，变成最有力气的人，那样就再也没有人欺负我了！"

从此以后，丹尼斯每天到家里的储藏室练习举重。他那弱小的身体如何撑起沉重的杠铃？不怕！经过一次次的失败，丹尼斯终于成功举起了杠铃！接着，他将重量加上 5 磅，举起以后再加 5 磅……6 个月后的一天，丹尼斯帮父亲将一卷帆布从汽车里搬到山坡上的施工场地。那卷帆布大约有 80 多千克，以前的他根本扛不动，现在虽然非常吃力，但总算踉踉跄跄地扛了过去，连父亲都对他刮目相看。

丹尼斯也认识到自己正在变强大，于是开始有计划地练习举重，并告诉自己："不要去想身高，举就是了，一定能行！"渐渐地，他的肌肉增加了，力气增大了，脊背也伸直了。

有一天，丹尼斯在健美杂志上看到扳手腕比赛的广告，便前去报名参加，结果竟然出乎意料地战胜了所有对手，成为那次比赛的冠军。

多年过去，丹尼斯已经长到了 1.75 米，他的力气非常大，仅凭双手就能将钢钎扳弯，将铁锅拧成麻花状，将一本厚重的电话号码本撕成两半，这位个头不高的大力士被人们称作"世界上最强壮的人"。

另一位小矮个威勒·特耶就没有丹尼斯那么幸运了，因为他的身高始终停留在 82 厘米。威勒的哥哥长得人高马大，英俊帅气，可他却身材矮小，面目丑陋，两个人站在一起，很难让人相信这是一对亲兄弟。

16 岁的时候，威勒的班上来了一名霸道的新生，四处欺负同学。同学们都怕他，只有威勒没将他放在眼里。有一天，威勒和他两个人发生争执，互不相让，矮小的威勒卯足劲儿蹦起来，“啪”地赏给对方一个耳光，为同学们出了一口恶气。

离开校园以后，威勒得到演戏的机会。他演戏时格外认真，经常向别人讨教，不断提高自己的演技，无论什么角色，都能演得出神入化，渐渐成为一名多才多艺的“袖珍”影星。在演艺事业上进展顺利的威勒雄心勃勃，有一年还曾打算竞选美国总统呢。据说他在接受采访时表现得信心十足：“我是美国所有矮人心目中的偶像！”

看看身边的人群，大多数人都比丹尼斯和威勒拥有更完美的身体，可是为什么很多人都没有取得像他们那样的成就呢？他们的故事告诉我们：决定未来的永远不是你的外在条件，只要从内心接受不完美的自己，调整好心态，付出必要的努力，那么所有的劣势都有可能转化为优势。一个高明的选手不但能够分清优劣，更善于逆势上扬，抢夺人生赛场上的每一个先机。

与他们相比，尼克·胡哲的故事显然更加激励人心。澳大利亚励志演讲家尼克·胡哲天生没有四肢，只有躯干和头部，能利用的身体部位仅仅是一只残缺的小脚，小脚上长有两根脚趾。因为家里的宠物狗曾误以为那是鸡腿，所以一度被妹妹戏称为“小鸡腿”。

无法走路，无法拿东西，遭受别人指指点点的日子令尼克痛不欲生，他甚至试图在浴缸里淹死自己。但在即将失去生命的那一刻，他的脑海里浮现出父母哭泣的样子，从此他再也没有产生过自杀的念头。

尼克开始重新审视自己，虽然自己没有健全的四肢，但是有一副好口才和聪明的大脑，为何不利用长处使生活变得精彩起来呢？他制定了一系列计划，开始有目的地训练自己。

19 岁那年，尼克给各个学校打电话，推销自己的演讲。被拒绝 50 多次以后，他终于得到一次 5 分钟的演讲机会和 50 美元的收入。演讲时，尼克用轻松调侃的语气讲述着自己的故事，他那迷人的嗓音、幽默的语言、清晰的思路和有趣的内容引得听众们会心一笑。

良好的开端让尼克彻底卸下了身上的包袱，他开始重新规划自己的未来。

十几年过去了，尼克如今已经“走”遍全球，用一场场演说激励了无数听众。这个肢体残缺的演讲家拥有坚韧的心智和丰富的阅历，他那坚定的眼神、自信的微笑和励志的故事给人们留下了深刻的印象。

尼克认为心中充满自信与希望远远比拥有健全的四肢更重要，他曾不止一次地在演讲中说：“相信你自己，你能做到！”“即使现在你用百万元来引诱我，让我长出手和脚，我都不会考虑！”

尼克的声音振聋发聩！确实，一个四肢残缺的人都能创造出惊人的奇迹，生理健全的正常人还有什么理由去抱怨人生，去消极对待自己的未来？在前进的道路上，别人看不起我们没关系，重要的是我们要认清自己，勇于接纳不完美的自己，让内心变得充盈而强大，让个人价值体现得鲜明而丰满。

努力让别人眼中的轻视与嘲笑变成肯定与赞扬，你才是一个当之无愧的强者！

Part 02

面对未来，给自己一个梦想

它如暗夜里的灯塔，
一点微光足以刺破黑色苍穹；
它如冲锋的号角，
嘹亮声音总能激起无限斗志。
生活不只当下，
还有梦和远方，
而梦想的力量会一直鼓舞努力生活的人。

生活不只当下，还有梦和远方 

如果目标是金钱，那么你有可能赚到金钱；但如果目标是事业，你不但能赚到金钱，还会成就一番事业。低头走路会让人注意到路边的繁花绿草，目视远方则会让人坚定自己的方向，预见自己的未来。

里基·亨利从小就非常喜欢体育运动，梦想成为一名伟大的运动员。虽然家境贫穷，但母亲总是想办法满足儿子的要求。到了 16 岁的时候，亨利的棒球已经打得非常出色，能以每小时 145 千米的速度投出一个快球，并且能击中在橄榄球场上移动的任何东西。如果一直坚持训练，他在球场上的表现将越来越好。

高三假期时，有个朋友推荐亨利打一份零工。亨利早就想买一辆新自行车，如果去打工，不但能买上自行车，还能额外添置新球服，甚至还可能积攒一些工钱，留着将来给妈妈买新房子。可是如果去打零工，他就必须放弃棒球训练。一想起要跟严格的奥利·贾维斯教练请假，亨利心里就有些犯愁。

遇到贾维斯教练是亨利一生中最幸运的事情之一，他传授给亨利的不仅是球技，还有正确的人生观和对未来的态度。当亨利鼓足勇气，将打工的事情告诉贾维斯教练时，这个爱护亨利的教练果然非常生气，他盯着亨利厉声说："现在距离比赛还有几天时间？你怎么能再去浪费时间？"

亨利吞吞吐吐地说出打工的理由。贾维斯教练说："今后你会有一生的时间用来工作，难道你的梦想和未来就值当下那点儿零工钱？"贾维斯教练的话如一记重锤敲醒了亨利，他终于意识到自己险些犯下一个不可弥补的错误，转而全心全意投入到训练中，再也没想打工的事情。

就在那一年，亨利被匹兹堡派尔若特棒球队选中，签下了一份 2 万美元的合约。此外，他还获得了美国亚利桑那大学的橄榄球奖学金，得到进入大学继续学习的机会。后来，亨利又在两次民众票选中当选为"全美橄榄球后卫"。1984 年，他与丹佛野马队签订了 170 万美元的合约，顺利实现了为妈妈买下一幢新房子的愿望。

想一想，如果亨利选择去打工而放弃了棒球训练，他还有多大的可能取得后来的成就呢？感谢贾维斯教练让他有了正确的选择，让他的人生之路越走越宽。我们的生活也许就是因为有了太多选择才会生出许多烦恼，在选择面前，有些人只看到当下的利益，有些人则能看到更远的前方，成就更伟大的事业。

1996 年，14 岁的施薇初中毕业。同学们基本都打算进入高中学习，只有施薇决定利用自己 175 厘米的身高优势，报考南昌市第一职业学校模特表演与设计班。颇具自信的小姑娘通过了笔试和面试，进入模特班开始学习。

1997 年，施薇听说江西时装表演艺术团面向社会招生。这个消息在她心中激起涟漪，去还是不去？如果去，就得放弃还没有完成的学业，未来充满各种未知；如果不去，以后恐怕再也没有这种机会……左思右想之后，她最后决定放弃学业，报考时装表演艺术团。

命运总是喜欢眷顾自信而有远见的人，施薇顺利通过考试，开始接受严格的训练。一些同龄学生受不了训练的强度，晚上偷偷躲在被窝里哭，施薇却咬紧牙关一直坚持。

1998 年，团里组队前往北京接受训练，准备参加第二年的"模特之星大赛"。结果因为意外的原因，这支队伍落选了。队友们在训练时都吃了不少苦，一个个怀着怨气和悲伤离开北京。施薇没有回去，她坚信只要人留在北京，就还会有很多机会。

果然，在后来的一场比赛中，虽然施薇没能获奖，却成功吸引了广告公司的注意，短短几个月里就有 6 家公司向她发出邀请。接着，她又在比赛中荣获"1999 最佳中国职业时装模特"的称号。

那一年，施薇刚满 17 岁，这个年纪正是模特大展身手的好时机，可她却认为与其把精力耗在各种比赛上，不如另外开辟一条属于自己的路。于是施薇先是注册了"北京欧格美模特培训有限公司"，后来又与澳大利亚澳联集团合作，在家乡建起"施薇国际艺术学院"，专门负责培养各个年龄段的模特人才。

在如此年轻的年纪里就有如此远见的目光，意味着施薇在事业上比大多数人先迈出了一步。如今，施薇国际艺术学院已将一批批优秀的模特人才输送到国外，并接连斩获多项大奖，她们的成功也为施薇的艺术事业增光添彩。

与这个年轻的姑娘相比，还有很多人因为缺乏远见、不思进取而一事无成。他们的起点与环境并不一定比施薇差，但在后来的发展中却由于思路受限、目光短浅而输给了别人。

1801 年，意大利一个小村庄里居住着一对堂兄弟，一个叫柏波罗，另一个叫布鲁诺。两个年轻人常常在一起讨论怎样才能成为村里最富有的人，他们很聪明，也很勤奋，缺少的只是机会。

终于，等待已久的机会来了。村里要雇两个人负责将河里的水运到村里的蓄水池，这项工作落在柏波罗和布鲁诺身上。他们俩兴高采烈地提着水桶，奔向河边开始工作。整整忙碌了一天，两人才把蓄水池装满，村长按照每桶水一分钱的价格将钱付给他们。

布鲁诺拿着工钱兴奋极了，认为从此便能成为村里最富裕的人。柏波罗却没有那么高兴，提了一天水，他的背又酸又痛，手上磨起水泡，如果每天靠这么辛苦的劳动来赚点儿小钱，那可太痛苦了！

第二天早上，柏波罗对布鲁诺说：“不如我们修一条管道，将水从河里引进村子，怎么样？”布鲁诺却认为做好现在的工作已经能赚不少钱，顶多就是辛苦一点儿，干嘛还要异想天开？

柏波罗只好自己去干，他将时间分成两部分，一部分用来提桶运水，另一部分用来建造管道。虽然这项工作影响了收入，但他坚信一两年以后管道挖通，产生的效益将远远超过现在的收入。

没过多久，布鲁诺和其他村民开始嘲笑柏波罗，称他为“管道建造者柏波罗”。柏波罗丝毫没有理会，继续坚持挖管道工程。终于有一天，管道完工了！河水源源不断地从管道流进水槽，村里有了取之不尽的水源，柏波罗便再也不用提水了！无论他是否工作，口袋里的收入一直不断增加。布鲁诺和村民们再也不敢嘲笑这个管道建造者了，而是以羡慕的眼光看待他。多年以后，柏波罗退休闲居，那些在各地扩展的管道生意仍然保证他每年都有几百万的收入。

揣着梦想上路吧，像柏波罗一样，多一点儿思想，多一点儿远见，生活将会赐予你丰厚的回报。若只在意眼前的利益，你的视野将会受限，你的高度也将难以提升。生活不应该只在当下，还应该有诗和远方。

没有不经历动摇的爱情，人生也一样

择一城终老，遇一人白首，是许多人渴望的爱情，但在物欲横流的现实生活中，有多少人能收获一份完美的爱情？有多少人又能保证自己的爱情能经历任何考验？人生也一样，在达成目标之前，很多意料之外的挫折都会令人的心摇摆不定。

法伊娅是个年轻的伊朗女孩，她以留学生的身份前往加拿大的时候，由于不会说英文，入境时有一次尴尬的遭遇。当时海关人员用英语盘问她行李箱里有什么东西，法伊娅听不懂，比画了好一阵，使得对方非常紧张，使用了许多探测仪器之后才敢开箱检查。

这位言语不通的女孩只身来到加拿大，一边学习英语，一边在大学里研修电脑课程。顺利毕业后，法伊娅跟随丈夫移居卡尔加利，花了很长时间才找到一份工作——为某个私人雇主编写软件程序。6个月过去，当她完成工作上门讨要工资时，才发现雇主早已不知去向。可想而知，此事对法伊娅的打击有多大，她在过去半年里的工作完全白费了。

法伊娅欲哭无泪，不知道自己的选择是否正确，甚至怀疑自己是否应该来到加拿大。在丈夫的劝慰之下，她终于振作起来，找到了另一份编程工作。

在换过几家公司以后，这位姑娘几经努力终于获得贝尔公司加拿大地区的副总裁职位。贝尔公司是加拿大最大的电话通讯公司，该职位不知有多少人梦寐以求。然而在为公司工作了十多年后，法伊娅与其他20多位副总裁一起又被裁掉了。对许多人来说，被辞退是职业生涯中的一次打击和考验，可是对法伊娅来说，此次转变对她的影响远不如第一次老板失踪时让她受挫。她早已不是当年那个刚刚进入职场的小姑娘，完全有良好的心态应对一切工作上的考验。法伊娅笑着说："终于可以休个长假了，趁着这段时间去做点自己喜欢的事情。"

史蒂夫·乔布斯的大名众所周知，他的人生道路其实也并非一帆风顺。作为苹果电脑公司的首席执行长官以及计算机业界与娱乐业界的标志性人物，他是全球无数人心目中的偶像。但是这位功成名就的创业者在成名之前也经历过一段动荡波折的岁月，对人生目标也曾不止一次产生过迷惘和动摇。

乔布斯的父亲是叙利亚人，母亲是美国人，小时候由于家境贫穷，另一对年轻夫妇收养了这个小男孩。19岁时，乔布斯进入大学，但只读了一个学期便辍学了，他不忍心继续用养父母的微薄收入来支付昂贵的学费。接下来的一年半时间里，乔布斯并没有离开学校，而是寄宿在朋友宿舍里，成为雅达利电视游戏机公司的一名职员。由于已经辍学又住在学校，他可以去旁听自己感兴趣的课程，还拿出了不少时间去学习喜爱的书法。

离开校园以后，这个 20 出头的小伙子干过许多短工，在频繁调换的工作中始终无法确定自己的定位，为此一度陷入了迷茫和痛苦之中。直到 1976 年，他和朋友沃兹一起琢磨电脑，并在养父母提供的一间仓库里创立了“苹果电脑公司”，他才确立了自己的目标，义无返顾地投入到电脑事业中。其后不久，他成功研发出麦金塔（Mackintosh）电脑。新产品蕴含了乔布斯的多年经验，甚至连乔布斯在大学期间的书法心得也被应用其中，刚一上市便受到消费者的热烈欢迎。

苹果电脑公司在初创时期仅有两名员工，现已发展成为一个拥有几万名员工、总资产达几百亿美元的全球知名企业。由它推出的 iMac、iPod、iPhone、iPad 等电子产品风靡全球。2011 年，乔布斯溘然离世，但他给后世留下了一个仍在扩张的苹果帝国。

几乎所有人的人生都不可能畅行无阻，像法伊娅、乔布斯这样的业界精英也会遭遇种种艰难坎坷。而且，这些艰难坎坷并不只发生在青年时期，并不只考验年轻人，它们可能贯穿整个生命阶段，随时都在动摇你的信心和目标。

安徒生很小的时候，父亲就过世了，他和母亲两人相依为命，过着穷苦的日子。有一天，一群小孩被邀请到皇宫里表演节目，安徒生也在其中。他满怀憧憬地唱完歌后又大声朗读，期望引起王子的注意。

果然，表演结束后，王子来到安徒生面前问道：“你有什么需要我帮忙的吗？”

安徒生说：“我想写剧本，以后在皇家剧院里演出。”

王子瞪大了眼睛，仔细看看眼前的小男孩，说：“你还是去学一门手艺吧。”

安徒生的梦想哪肯因为别人的一句话而放弃！在接下来的几年里，他并没有去学一门可以养家糊口的手艺，而是存了一点儿钱后与妈妈告别，独自来到哥本哈根。在哥本哈根，他做过许多辛苦的工作，赚取少得可怜的工钱。在食不果腹、居无定所的流浪日子里，这个小伙子几乎敲过所有贵族家的门，却没有人赏识他。安徒生也曾多次质疑过当年的梦想，不知道自己还能否坚持文学创作。

终于在 1835 年，安徒生写的几篇童话故事得以发表，这些作品出人意料地吸引了小读者的目光。受此鼓舞，安徒生的信心终于坚定下来，其后又发表了一系列作品，包括《皇帝的新装》《丑小鸭》等，这些经典的童话故事陪伴了许多孩子的成长。

金无足赤，人无完人，在动荡和艰难面前，不要去苛求一位童话大师为何会犹豫和徘徊，他用事实证明了自己终将越过那些巨大的障碍，成为声名远扬的文学大家。换作现在的年轻一代，又有多少人能够像安徒生一样于动摇中依然坚持梦想？

目标是未来生活的蓝图，信心是精神生活的支柱，我们遇见的所有障碍其实都是在考验自己的信心。只有信心坚定并持之以恒者，才能将自己的人生目标从蓝图化为现实。

发现你的优势 

很多人缺乏信心，认为自己没有成功的机会，却往往忽略了一点：每个人都有一技之长，只要善于发现自己的优势，经营自己的长处，就会比别人更容易取得成功。

一位年轻的退伍军人前去拜访成功学大师拿破仑·希尔，诉说自己找不到工作没有地方住的窘迫境况，想请他帮忙介绍一份聊以糊口的工作。希尔见过很多这样的年轻人，本来大有前途，却因胸无大志而倍感迷惘，其实能否赚钱只在他们的一念之间。

希尔问年轻人："赚钱是一件轻而易举的事情，为什么你只想求得一份卑微的工作，难道不想成为千万富翁吗？"

年轻人一脸愕然，"我不需要开玩笑，只需要一份能够填饱肚子的工作。"

希尔了解到年轻人入伍前曾是一位出色的推销员，而且还在部队学得一手好厨艺，于是说道："我不是跟你开玩笑，你只要运用你的优势就能赚到几百万元。比如运用推销技巧和厨艺，邀请邻居到家里吃一顿便饭，然后把烹调器具卖给他们。”

听了这番话，年轻人的眼里闪过一丝亮光。希尔赞助了他一笔钱，让他去买一身像样的衣服和烹调器具，自己制定计划，大胆去做。

果然不出所料，第一个星期，年轻人就通过卖铝制烹调器具赚回了 100 美元。第二个星期，年轻人不但收入加倍，还开始训练业务员帮忙销售成套烹调器具。四年过去了，当年这个连工作都找不着的小伙子建起了一座厨具工厂，每年的收入都保持在 100 万美元以上。

有时候成功距离我们很近，相隔的距离可能是一个念头，也可能是一个小物件。只要我们认清自己的状况，发挥自己的优势，能将它们的作用无限放大，成功很可能就会近在眼前。

19 世纪后半期，苏黎世郊区有一位农村青年名叫尤利马斯·马吉。马吉年幼时，他的母亲便因病去世。20 岁时，一直与他相依为命的父亲也去世了。

父母留给马吉的只有一个小磨坊，以后的日子怎么过？只会磨面粉的马吉并没有心灰意冷，他暗暗下定决心，一定要让自己活得更好。

一天，马吉偶然听医生说干蔬菜磨碎后不会损失营养价值。真是个好消息！他立刻借钱买来干燥机，将蔬菜和豆类干燥后磨成蔬菜粉和豆粉，再配成速溶汤料。使用这种汤料，5 分钟就能做出一盆美味的热汤。

马吉的速溶汤料上市以后受到了家庭主妇的热烈欢迎，产品一度供不应求。到 1886 年，马吉已开发出 3 种袋装汤料。

1890年，他又推出能够改善菜肴味道的万能调味粉，可用于沙司、凉菜、鱼肉、汤以及其他配菜。这些新产品上市后大获成功，成为欧洲美食行业的畅销品。

1901年，马吉在好几个国家已经拥有数座大型工厂。当有人问起他成功的秘诀，他幽默地回答："其实成功并不需要很多条件，有时候一个磨坊就足够了！"

与退伍军人和马吉相比，查尔斯·舒尔茨的成功来得晚一点，而且他没有赞助人，也没有磨坊，只有手里的一支画笔。

舒尔茨读小学的时候就是个差等生，进入中学以后又成为学校有史以来成绩最糟糕的学生。这个孩子笨嘴拙舌，很不善于表达，社交场合上从来不见他的身影。在很多同龄人眼里，舒尔茨仿佛根本就不存在。因为害怕被拒绝，舒尔茨从没邀请过女孩子一起出去玩。

在这样的环境下，连舒尔茨本人都认为自己是个失败者。不过他没有让自己从此陷入失败的痛苦中，而是将全部精力倾注到手中的那支画笔上。在画画方面，舒尔茨充满自信并引以为豪，深信自己将来会成为一名职业漫画家。可惜的是，他的那些涂鸦之作没有人欣赏，每次投稿都被无情地退回了。

中学毕业那一年，舒尔茨给迪斯尼公司写了一封自荐信，接受该公司的考核命题，并以一丝不苟的态度完成了多幅漫画。但是漫画寄出后石沉大海，经过一段漫长的等待，舒尔茨不得不相信迪斯尼公司没有录用自己。

面对一次次的打击和失败，舒尔茨沮丧至极，他开始用画笔描绘自己灰暗的人生经历。没想到他这次塑造的漫画角色打动了编辑，1950年10月2日，连环漫画《花生》在美国报刊上首次登载，查理·布朗、史努比等一系列漫画人物迅速成为漫画界的明星，并很快风靡全球。2000 年，舒尔茨因病离世，《花生》一直连载到当年的 2 月 13 日。据统计，这部作品至少刊载于 2600 份报纸，拥有 75 个国家共计约 3.5 亿读者，同时还被翻译成 21 种语言。

当年处在人生灰暗期的舒尔茨如何也不会想到日后能取得如此巨大的成功。他的童年、少年与青年时期都充满着灰暗，毫无亮点，唯有手中的画笔可以让他宣泄心中的情感，也唯有笔画才会助他崭露头角。如果没有一技之长，舒尔茨的人生经历将完全被改写，大批读者也就无从知晓查理·布朗、史努比、薄荷·派蒂等一系列可爱的漫画角色了。像舒尔茨一样，找到自己的优势，坚持自己的道路，你会更精准地把握未来的方向。

丰富人生的美好记忆

2014年的一项调查表明：老年人在回忆过去的时候，谈及最多的故事并不是发生30～70岁之间，而是集中在15～30岁之间。这个时间段未必是人生最辉煌的时期，但一定是回想起来最值得留念的时候。

对于亨利·威尔逊来说，成为美国第18任副总统无疑是人生功成名就的象征。然而到年老时回望过去，令他念念不忘的并非是那段荣耀仕途，而是自社会底端迎难而上的年轻时期的经历。

威尔逊家境贫穷，10岁时为了生存而离开父母，在某个农场做了11年学徒工。恶劣的环境并没有扼杀他对美好未来的向往，他渴望读书，渴望汲取知识，在每年只有1个月的学校教育里尽可能地去学习、读书。

11年过去了，在农场干活的威尔逊得到的报酬是1头牛和6只绵羊，它们一共换回了84美元。不过这些并不是他这

11 年里的所有收获，他最大的收获是读了 1000 本好书。对于一个在农场打工的孩子来说，那得需要多大的毅力和兴趣才能坚持下来啊！

离开农场，威尔逊徒步 160 千米前往马萨诸塞州的内蒂克学习皮匠手艺。经过波士顿时，他参观了邦克希尔纪念碑和其他历史名胜，对那些英雄和伟人心生敬佩之心，也开始重新思索自己的人生。

威尔逊决定积攒一些本钱做生意。他跟随一队人马进入大森林里采伐原木，每天的工作从清晨开始，直到夜幕降临才能歇息。一个月下来，他得到了 6 美元的报酬。

积攒一些本金之后，威尔逊开始经营一家小规模的制鞋厂，生活变得越来越好。可是他并不愿意自己的未来反困于这间小小的制鞋厂，而且希望自己的经历能够更加丰富，更加精彩。

有一次，威尔逊去华盛顿办事，看到拍卖奴隶的场景，听到关于奴隶制的辩论，奴隶的悲惨遭遇令他想起自己的童年。突然，这个热血青年茅塞顿开，他终于找到了自己的奋斗目标——献身奴隶解放事业！接下来的日子里，威尔逊多次以自己的亲身经历，站在广场的树桩上，呼吁民众关注奴隶受到的种种不公。没过不久，这位“树桩演说家”便引起各阶层人士的注意，威尔逊从此开始了自己的政治生涯。

从小小的制鞋厂厂长变成广场上的演说家，威尔逊的角色跨度相当大，完全是两种截然不同的身份。然而从年轻时的经历来看，他又毫无难度地完成了这两种角色的衔接。多一种角色就等于多一种经历，多一种经历人生又会生出无限可能。如果年轻没有多重经历，没有足够吸引力，威尔逊在老去之时怎会最怀念那一段时光？

不管是贫穷还是富裕，低谷还是高潮，不管是在遥远的美洲，还是古老的东方，动荡的经历总能给人带来丰富的联想。20世纪后半期，在改革大潮的推涌下，中国南方的邓国顺成为一位经历丰富的时代弄潮儿。

在一般人眼里，邓国顺是个“很不安分”的人，年轻时尤爱折腾。1989年，他从中山大学毕业后应聘到某冰箱厂上班，月薪400元，这在当时可是令人羡慕的薪酬。可是仅仅过了3个月，邓国顺就辞职了，去了中科院攻读硕士学位。亲友这才释怀：原来是为了继续学习啊，硕士毕业后的薪酬肯定比现在高。

3年过去，拿到硕士文凭的邓国顺应聘到某科技公司工作，月薪300元，过了一段时间才涨到400元。亲友不解地问：“这跟3年前在冰箱厂上班有什么不同？”他只是笑了笑，没有正面回答。

又过了一年，邓国顺去新加坡第二大多媒体公司应聘，从30个面试者中脱颖而出，获得了这份月薪相当于1万元人民币的工作，开始了在异国打工6年的经历。

接下来的日子里，邓国顺仍然不断跳槽。他先后在三家软件公司任职，还曾进入飞利浦亚太地区总部。别人都不明白这个年轻人为何频繁跳槽，难道是为了钱？但是熟悉邓国顺的人都知道，由他承接的业务，无论利润多少，只要用户出现问题，他就会立即放下手头的工作，第一时间赶去解决问题。在其他软件工程师看来，这显然是个倒贴的生意，赚取的那点儿利润根本不值得提供如此周到的服务。

也许只有邓国顺自己明白，在不断跳槽、不断丰富人生的历程中，他对企业运转和流程等方面的知识已有了非常详尽的了解。经过最后一次跳槽，邓国顺与湖南老乡成晓华放弃高薪毅然回国，在深圳市罗湖区租了一套房子，在没有任何成品借鉴的情况下开始研制替代软盘。经过一年多的摸索，一个名为“优盘”的闪存盘震撼问世。随后，深圳市朗科科技有限公司成立，它在短短的 3 年时间里创下 5 亿元销售额的奇迹，掌门人邓国顺因此被 IT 界誉为“闪存盘之父”。

不平凡的人可能天生都具有冒险精神，不畏失去，更不畏将来，他们的人生也因此而跌宕起伏，精彩不断。威尔逊弃商从政，成为美国副总统，攀上了新的人生巅峰。邓国顺在跳槽中不断积累经验，从职场金领最终变身“闪存盘之父”。美国洛杉矶郊区还有一个年纪更轻、经历更丰富、生活更精彩的约翰·戈达德来印证以上观点。

15 岁的某一天，戈达德列出了一张清单“一生的志愿”。他将自己想做的事情全部编号排入，一共有 127 件事情，比如探险尼罗河、亚马孙河、刚果河，登上珠穆朗玛峰、乞力马扎罗山、麦特荷恩山，近距离接触大象、骆驼、鸵鸟、野马……从那以后，这个男孩开始抓紧一切时间去进行探险、潜水、空中驾驶等冒险活动。到 21 岁时，他已经游历过 21 个国家，在欧洲上空做过 33 次战斗飞行，还学会了只戴面罩潜游深水。

刚刚过完 22 岁生日，戈达德就在危地马拉的丛林深处发现了一座玛雅文化的古庙，同年又成为“洛杉矶探险家俱乐部”最年轻的成员。紧接着，他乘筏子飘过科罗拉多河，探查长约 4700 千米的刚果河，与食人土著一起生活，又爬上阿拉拉特峰和乞力马扎罗山……此外，他还当过作家、人类学者、演说家、制片人，获得各种看似毫不相关的荣誉与奖项。

在实现志愿的征途中，戈达德有过 18 次死里逃生的经历。他说：“凡是我能做的事情都想尝试。这些经历丰富了我的人生，教会我珍惜生活。”

毫无疑问，戈达德的人生要比大多数人都过得精彩，当他步入老年，自然也会比别人拥有更丰富的回忆、更绚烂的往昔。每个人都终将老去，到那时候，希望还有一段停留在年轻时代可供讲述的美好回忆。

走遍世界，
不过是为了找到一条回归内心的路

在生命的旅程中，人的精神与信念很多时候都无处安放。待到恍然梦醒时才明白，百转千回不过是为了找到一条回归内心的路。正如爱默生所说：“虽然我们走遍世界去寻找美，但是美这东西要不是存在于我们内心，就无从寻找。”

约翰·皮尔彭特从耶鲁大学毕业后，谨遵祖父的教诲做了一名教师。每天面对朝气蓬勃的学生，他觉得自己的生活充满了阳光。可是由于皮尔彭特对学生爱护有余，而严厉不足，当时的教育界根本容不下他那种保护学生“个体发展”的教育思想，结果这位年轻的教师不得不结束了教学生涯。

生性乐观的皮尔彭特并没有就此灰心丧气，而是很快将热情投入到法律中。他信心十足地当上了律师，随时准备为维护法律公正而奋斗。由于皮尔彭特不理会当时律师界“谁有钱就

为谁服务”的潜规则，又不计报酬地为好人服务，引起了圈内人的非议和排挤。这样一个不懂“规矩”的另类如何在律师行业里生存？皮尔彭特处处受到排挤，最终被迫转行，成为一名纺织品推销商。

成为一名商人后，皮尔彭特看不到生意竞争中的残酷斗争，常常在谈判中令对手大获其利，自己却什么赚头都没有。很快，皮尔彭特意识到这一行根本不适合自己，也许充满慈爱、传道解惑的牧师才适合自己这种性格吧，于是他又改行做了牧师，每天快乐地为教区的人们服务。

如果不是心中充满了善良和正义，皮尔彭特的牧师生活也许会一直这样持续下去。可是他因为反对奴隶制和支持禁酒得罪了教区信徒，很快又被迫辞去牧师的职务。

就这样，皮尔彭特在 81 年的人生经历中似乎一事无成，但他从来没有因为不断经历挫折而放弃对美好的追求，他一直坚信人生和世界都应该是美好的。正因如此，他才会为邻居的孩子们写下那首闻名全球的《铃儿响叮当》：“冲破大风雪，我们坐在雪橇上，快速奔驰过田野，我们欢笑又歌唱，马儿铃声响叮当，令人心情多欢畅……叮叮当，叮叮当，铃儿响叮当……”他的儿子詹姆斯·皮尔彭特后来为这首儿歌谱上动人的旋律，使之迅速传播到世界各地，成为一首传唱不休的圣诞经典歌曲。

从事业上来说，皮尔彭特会被认为是一个失败者，但是仔细想想，复杂的外界、多变的行业却从未撼动他的内心世界。能够拥有如此强大的内心，又怎么可能被简单地定义为失败者呢？ 那一颗美好的心灵，只有孩子们的纯真笑容才能与之相映。也许他频繁调换工作正是行走在一条回归内心的路上吧。

另一个小男孩的人生经历也与内心坚守的梦想有关。小男孩的父亲是位马术师，经常东奔西跑去各个农场和马厩里训练马匹，因此小男孩的求学生涯并不顺利。初中的时候，老师给全班同学出了一道作文题“长大以后的志愿”，要求每个学生写出内心的真实想法。

小男孩对这个题目特别感兴趣，花了一晚上的时间写了整整七页纸，详细描述了自己的愿望。他希望以后能够拥有一座庞大的牧马农场，农场中心是一座宏伟的住宅。为了引起老师的注意，小男孩还在作文后面画出一张牧马农场的设计图，图中标明了住宅、草场、马厩、跑道的具体位置。

第二天一早，小男孩兴冲冲地把作文交给了老师。两天后，作文发下来了，小男孩一看，第一页上写着一个代表不及格的大红字母“F”，旁边还有一行字：“下课后来见我”。

像是被泼了一盆凉水，小男孩的心凉到了冰点。下课后，他带着作文去见老师。

小男孩问：“为什么给我不及格？”

老师说：“你没有钱，没有家庭背景，什么都没有，怎么可能建一座这么大的农场？要知道那可是一项花费巨大的工程！你不光要买地、买建材、买纯种马，还要请人专门打理。这哪里是普通人可以实现的愿望？”

看着小男孩的脸蛋憋的通红，老师有点儿于心不忍，接着说道：“如果你能另写一个不离谱的愿望，我会重新考虑给你一个分数。”

回到家后，小男孩反复思量，决定征求一下父亲的意见。

父亲了解到此事后笑了：“儿子，这是你人生中一个非常重要的决定，必须自己拿主意。”

几番斟酌后，小男孩决定坚持内心的愿望。他再次将原稿交给老师，并郑重地说：“我会遵从内心的愿望，即使再拿一个不及格，我也不会改变。”

这个小男孩名叫蒙提·罗伯兹。许多年过去了，蒙提在家中为青少年举行了一次募捐活动，并向大家讲述了他儿时的这个故事。

蒙提说：“我之所以提起这个故事，是因为各位现在就坐的这间豪华住宅正位于一片庞大的牧马农场里，我至今还保留着那篇初中时的作文。”蒙提话音刚落，现场就响起一片雷鸣般的掌声。

蒙提接着又说：“有趣的是，几年前的夏天，当年那位初中老师带着一批学生来到我的牧马农场里度过了愉快的一周。离开之前，他真诚地向我表示了歉意。如果我当时没有遵从自己的内心，而是交上了另一篇作文，那么我们今天就不可能在此相遇。”

蒙提没有讲述为了实现这个愿望，自己跟随父亲跑过多少农场，付出了多少努力。蒙提在漫长的人生经历中不忘初衷，奋力拼搏，最终实现了内心坚守的梦想。我们不妨问问自己，在浮躁的现实社会里，你有没有找到一个能够填满内心的梦想？如果有，请用百分之百的努力去实现它。

青春路上，你究竟错过了多少

走得太慢会失去先机，走得太快又会错过许多风景。在迟疑与奔跑之间，属于我们的青春正悄无声息地一点点溜走。一段美好的岁月总有让人怀恋的片断，当时光流逝，容颜老去，那些片断的光影中也许就有我们错过的故事。

20岁的年轻人急匆匆地赶路，全然不顾路边的行人和风景。

有人拦住他，问道："你走这么快干什么？"

年轻人头也不回地撂下一句话："别拦我，我在寻找机会。"

20年过去了，昔日的年轻人变成了中年人，但依然在赶路。

有人拦住他，问："喂！朋友，你在忙什么？"

中年人脚步不停："别拦我，我在寻找机会。"

又是20年过去，中年人变成了一头白发的老人，老人艰难地挪动着脚步，还是在赶路。

有人拦住他，"老人家，你还在寻找机会吗？"

“是啊。”答完话后，老人瞥了对方一眼，突然淌下了两行泪水。因为老人发现问话的人就是自己寻找了一辈子的机遇之神。

他从美好的青春年华到年富力强的中年时期，再到满头华发的迟暮之年，一生光顾着赶路，却从没想到早在最好的年华里错过了身边的机遇之神。

这样的人生除了奔波与劳累，哪里还顾得上去品尝酸甜苦辣？哪里还有心情去欣赏路边的四季美景？奔跑者若在青春时期丢失了激情与冒险，在中年时期丢失了收获与展望，在老年时期又丢失了安逸与健康，那么他所进行的不过是一场行尸走肉的表演秀。别让这种过错出现在我们的美好时光里，因为它可能会令我们的整个人生陷入灰暗。

有一对美国父母生育了 7 个孩子，他们把孩子全部送进演艺圈去当“摇钱树”，其中有个孩子名叫麦考利·卡尔金。

20 世纪 80 年代，4 岁的麦考利开始涉足演艺圈，到 9 岁时已出演了 3 部影片，成为当时广获好评的著名童星。20 世纪 90 年代，这个小童星击败了 200 多名候选人，荣幸地成为《小鬼当家》的主演。这部影片在当时的美国创下了 2.85 亿的惊人票房，麦考利由此顺利晋升大牌明星。

麦考利声名日隆之时，贪婪的父母从他身上攫取了大笔金钱。接下来的几年，麦考利又连续出演了多部叫好又卖座的影片，比如《小鬼当家 2》《小鬼出招》《财神当家》等，个人片酬水涨船高，达到了 800 万美元，名列全国童星收入第一名。

在此期间，他那贪婪成性的父母先是分道扬镳，后来又为了争夺孩子的丰厚财产对簿公堂。麦考利本来少年得志，难免恃宠而骄，再加上此时又看透了人性最丑陋的一面，无法领会家庭的温暖，事业逐渐走向滑坡路。这时候，好莱坞各大导演也因为他那对臭名昭著的父母而对他退避三舍。

像所有误入歧途的年轻人一样，麦考利在最美好的青春时期变得酗酒、嗑药，生活放荡。他把头发染成稀奇古怪的颜色，在房间里乱涂乱抹，搞得整个屋子里天天弥漫着烟雾和臭气。他开始谈恋爱，在未满 18 岁时就高调宣布结婚。一桩荒诞的婚姻能迎来什么样的结局？没过几年，这对年轻的夫妻便以离婚收场。麦考利的演艺事业更是直线下滑，在被影视公司扫地出门的同时，大批影迷也相继离他而去。2004 年，麦考利又因持有毒品一度被关入监狱。

十几年过去了，这个年轻人早已失去了往日的光芒。虽然麦考利多次试图重回影坛，但事实证明，属于他的美好年代已经一去不复返，现在的麦考利不过是一个人人不齿的瘾君子。

也许是这个世界上的诱惑太多，贪婪的心难以满足，那些涉世未深的年轻人很容易坠入欲望的陷阱。那么应该如何应对无处不在的诱惑？一个关于哲学家苏格拉底的故事对我们有借鉴意义。

三名学生前去求教老师苏格拉底，想知道怎样才能找到理想的伴侣。苏格拉底没有立刻做出正面回答，而是带着他们来到一块麦田旁边。麦田里满是沉甸甸的麦穗，他让学生从东头找到西头，找到地里最大最好的一棵麦穗，唯一的条件是只许前进，不许后退。说完，苏格拉底自顾自地走向西头。

地里到处都是大麦穗，哪一棵才是最大最好的呢？第一个学生埋头向前走着，看看这一棵摇摇头，看看那一棵也摇摇头，时不时提醒自己前面还有更大的麦穗。可是直到他走到西头，才发现错过了所有麦穗，自己依然两手空空。

第二个学生没走几步就摘下了一棵大麦穗，当他继续向前，发现另一棵更大的，就立刻将其摘下，丢掉第一棵麦穗。这样走了一半，第二个学生总觉得前方还有更好的选择，自己何必浪费时间呢，索性把手里的麦穗扔掉，一个劲儿向前寻去。遗憾的是，西头转眼即到，本来收获不小的他也落了个两手空空。

第三个学生比较聪明，他想出了一个好办法。当走过全程三分之一时即分出一组大中小麦穗，再走三分之一时分出第二组大中小麦穗，当走完最后三分之一时，他手里已经有了三组大中小麦穗。这时候，第三个学生很轻松地就挑出了其中最大最好的一棵，交给了老师苏格拉底。那棵麦穗也许并不是地里最出色的一棵，但对这位弟子来说，它已经足够好了。

苏格拉底夸赞了第三个学生，说："麦地里肯定有一棵麦穗是最大最好的，你们未必能碰见它，即使碰见了，也未必能做出准确的判断，因此能够遇到并摘下来的就是要寻找的目标。如果什么都没有得到，就等于白走了一趟。"听了这番话，另外两个学生羞愧地低下了头。

苏格拉底告诉学生们一个道理：不管是寻找伴侣还是人生的其他风景，都像是在麦地里行走。有的人寻见饱满的麦穗会不失时机地摘下它，有的人不满足于眼前，总把希望寄托在将来，有的人则东张西望一再错失良机。当你的学识和能力尚不足以预见前方，请把眼前的麦穗拿在手里，那才是实实在在的目标。

静下心来想一想，青春时期若是走过麦田的那一段时间，你会是苏格拉底的哪一个学生？答案最好不要等到走完麦田才会知晓。趁着青春，别错过了身边那一棵最大的麦穗，别让一时的错过成为将来抱憾一生的过错。

每个梦想都是在坚持不懈中实现的 

没有富足的金钱，没有伯乐的赏识，没有出类拔萃的天赋与才干，没有惊为天人的颜值与风采，那又怎样？上帝依然公平地赐我梦想，而我能用坚持不懈的毅力让每一朵梦想之花都绽放。

有一位名叫斯克劳斯的美国少年，他的母亲是一个普通裁缝。受母亲的影响，斯克劳斯从小就喜欢时装，喜欢看那些不同的布料在剪刀和针线的塑造下，神奇地变成一件件美丽的时装。他常常偷着将母亲裁剪剩下的布角收集起来，按照自己的设计，东拼西凑做成各式各样的小衣服，并梦想着将来成为一名出色的时装设计师。

可是在父亲眼里，斯克劳斯是个令人头疼的孩子，那些有限的布角本来要做成鞋垫贴补家用，却全被糟蹋了，于是免不了经常责备儿子。斯克劳斯并没有因为父亲的责备而心生沮丧，反而更加坚定了对梦想的追求。

有一天，18 岁的斯克劳斯用父亲从凉棚撤下来的废棚布为自己缝制了一件衣服。当时，这种粗布专门被用来盖棚。人们见他穿着粗布衣服，都嘲笑他是个精神失常的疯子，连一向支持他的母亲也觉得儿子太荒唐了。不过，母亲并没有数落斯克劳斯，她建议沉迷于服装设计的儿子去向时装大师戴维斯求教，希望他能成为一名真正的服装设计师。

斯克劳斯穿着自己设计的粗布衣服来到戴维斯的时装设计公司。公司里的人从来没看过如此粗俗的衣服，忍不住哄堂大笑。戴维斯却被年轻人毫不在意的坚毅表情所打动，破格将他留了下来。

在戴维斯的鼓励和支持下，斯克劳斯设计了大量粗布衣服。可是这些衣服无人问津，全部积压在仓库里，连戴维斯本人都怀疑自己留下这个年轻人可能是个错误的决定。一时间，公司里风言风语，同事们对斯克劳斯冷嘲热讽，有人还奉劝他学着设计别的时装。

斯克劳斯丝毫没有动摇，他坚信自己设计的粗布衣服会受到欢迎，并试着将衣服销售给非洲的劳工。没想到因为价格低廉，耐磨耐穿，粗布衣服很受劳工们的欢迎，很快便销售一空，斯克劳斯成功了！

接下来，斯克劳斯又用粗布设计了很多适合旅行者穿的服装。粗布自带的洒脱与沧桑感令消费者十分着迷，这种衣服不仅穿在身上更加舒服随意，而且不分季节，不挑年龄。越来越多的消费者竞相购买，斯克劳斯终于成为一名深受欢迎的服装设计师。如今，那种粗布衣服已风靡全球，它就是以斯克劳斯与戴维斯为品牌的牛仔服装。

很多人没有实现梦想的真正原因并不是遇到的阻力太大，而是自己过早地放弃或屈服。他们没能看到美好的未来，在放弃或屈服的那一刻即已注定将与成功失之交臂。

当年，苏格兰国王罗伯特·布鲁斯在与英格兰军队的战争中屡遭败绩。第六次失败的时候，他躲进一处破旧茅屋里，任由悲哀与失望渐渐吞噬自己。

一只蜘蛛正在角落里悄悄结网，罗伯特烦心不已，一把毁坏了即将完成的蛛网。那蜘蛛没有什么特别的反应，又开始编织另一个网。罗伯特很不服气，在它即将完工的时候再次破坏了蛛网。没想到蜘蛛马上又开始编织第三个网。如此一连六次，直到罗伯特放弃破坏，它才织好了网。

蜘蛛的坚持不懈令罗伯特心有所动，他重新鼓起勇气，决心再次奋起。之后，他很快召集一支新的队伍，打赢了一场最重要的战争，最终把英格兰人赶出了苏格兰。

每个人的梦想从来不曾远离自己，放弃与实现、失败与成功仅在一念之间。所幸一只蛛蛛让罗伯特的梦想沉浮再起，所幸一位老人也能让威尔玛逆袭成王。

威尔玛·鲁道夫从小就与众不同，身患小儿麻痹症的她别说像其他孩子那样欢快地跳跃奔跑，就连走路都很困难。虽然医生再三嘱咐她平时要做些运动，但是威尔玛早已心灰意冷，甚至拒绝所有人的靠近，除了那位只有一只胳膊的邻居老人。

老人是个善良、幽默的人，时常给威尔玛讲故事。一天，他用轮椅推着威尔玛去附近的一所幼儿园，孩子们正在操场上唱歌，美妙动听的歌声深深地吸引了这两个人。一首歌唱完，老人说：“我们为这些孩子们鼓掌吧！”

威尔玛惊讶地看着老人，“您只有一只胳膊，而我的胳膊也动不了，怎么鼓掌呢？”

老人笑了笑，解开衬衣扣子，露出胸膛，用手掌拍起胸膛，发出“啪”“啪”“啪”的声音。他对威尔玛说：“只要努力，一只巴掌也可以鼓掌，你一样能行！”

威尔玛心中的坚冰在慢慢融化，那天晚上，她让父亲帮忙写了一张纸条贴在墙上：“一只巴掌也能拍响！”此后，她积极配合医生的治疗，每天坚持做运动，无论多么艰难，多么痛苦，都咬紧牙关坚持下来。一丁点儿进步都令她欢欣，之后她会以更顽强的毅力去求取更大的进步……虽然蜕变的痛苦牵扯着筋骨，但威尔玛知道，想要行走，想要奔跑，就必须坚持锻炼。

11 岁那年，威尔玛终于扔掉了支架，像其他孩子一样自由行走。可是这个小女孩并没有满足，她开始朝另一个更大的梦想努力——去参加田径运动！

辛勤的付出终于有了巨大的回报。在 1960 年的罗马奥运会上，威尔玛以 11 秒 18 的成绩成功夺得女子 100 米决赛的冠军！那一刻，掌声雷动，全场沸腾，观众纷纷站起来高呼着她的名字：“威尔玛·鲁道夫！威尔玛·鲁道夫！”在那一届奥运会上，威尔玛一共夺得了 3 枚金牌，成为当时世界上跑得最快的女人，同时也成为世界上第一个黑人奥运女子百米冠军。

梦想永远藏在我们的心底，它不曾抛弃任何一个人，我们又有什么理由拒绝让它实现呢？不要试图为自己寻找借口，生活赐予我们的并不少，在某些方面，我们要远比一个贫穷的男孩、一个落魄的国王、一个患疾的姑娘要富足许多。坚持不懈地付出努力吧，你的梦想终将实现。

起点不能决定终点 

绽放的烟花多么绚烂，疾驰的流星多么耀眼，它们缔造出美丽的景象。可是当能量散尽，烟花与流星会全部消隐于黑暗之中。正所谓起点不能决定终点，它们的精彩不能一直延续，它们的落寞也并非天生注定。

一位黑人母亲带着女儿到伯明翰买衣服。女儿选中了几件，要去试衣间试穿一下。

白人女店员伸出胳膊拦住她说："这个试衣间只有白人才能使用，你们只能去储藏室那间专门给黑人用的试衣间。"

黑人母亲的态度非常强硬，"如果今天我女儿不能进这个试衣间，那么我们就换一家店！"

女店员为了留住生意，只好让她们进了试衣间，自己则守在门口望风，生怕被其他人看到。对于当时的尴尬情景，那位女儿多年后依然记忆犹新。

有一次，黑人母亲和女儿又受到这种歧视，缘由是女孩在一家店里摸了摸出售的帽子，结果遭到店员的训斥。

母亲平静地说:“请你不要这样对我的女儿说话！”接着，她又对女儿说:“康蒂，你去把店里的每一顶帽子都摸一下。”

女孩按照母亲的吩咐，把自己喜欢的帽子都摸了一下。那个店员无话可说，只能悻悻然看着。

回到家以后，母亲对女儿说:“康蒂，我们遭受不公正不是你的错，我相信现在受到的歧视在将来都会改变。你的肤色与父母是你这一生不能分割的一部分，也决定不了你的未来，若想改变不公，你所做的一切都要比别人更好，这样才能获得改变的机会！”

女孩牢牢记住了母亲的话。从那时起，她一直保持不卑不亢的个性，凡事都要比别人更努力，更认真。2004年，这位出生在种族隔离区的黑人女孩登上《福布斯》杂志“全球最有权势的女人”榜单，她就是后来的美国国务卿赖斯。

很多时候，我们面对现实都显得无奈且无助，可是消极的态度并不能将现实改变一丝一毫。既然无法选择出身，那就选择奋斗吧，歧视和不公可以制造灰暗，奋斗也可以让我们在灰暗中燃起一星灯火。只要身正步稳，自信满满，那还有什么力量可以令我们自惭形秽？

一个低的起点并不能决定终点的高度。赖斯相信这一点，在政界走出了一条光明大道；哈特相信这一点，在商界缔造了一个财富传奇。

哈特是个贫穷的少年，没有读过什么书，但年轻人总是对未来充满无限渴望和憧憬，于是他离开家去了城里，想找一份可以谋生的工作。可是现实非常残酷，他没有任何学历和工作经验，城里人都看不起他。

心灰意冷的哈特决定离开城市回到家乡，临行前，他突然想给银行家罗斯写封信，兴许对方能帮助自己呢。哈特在信里抱怨命运对自己的种种不公，希望能向罗斯借一些钱上学，以便毕业后找到一份好工作。

信件寄出以后，哈特忐忑不安地在旅馆里等着回信。然而几天过去，他花光了身上的所有钱，也没有等到罗斯的回信。当他收拾行李打算离开时，旅店老板送来了罗斯的回信。这位银行家并没有同情哈特的遭遇，只是在信里讲了一个故事。

故事发生在无边无际的海洋里，海洋里生活着许多鱼类，这些鱼类绝大部分都有鱼鳔，只有鲨鱼是个例外。因为没有鱼鳔，鲨鱼只要一停下来，就可能沉入水底，所以为了生存，它只能不停地游动。久而久之，鲨鱼拥有了强健的体魄，成为同类中最凶猛的鱼。

罗斯在信的最后说道："这个城市就像无边无际的海洋，拥有学历的人很多，但成为强者的人很少，希望你现在就是一条没有鱼鳔的鲨鱼……"

读完这封信，哈特静静地坐了好久，突然间心中升起无穷斗志。既然无法选择起点，起码还可以去奋斗，去达到自己想要的终点。

哈特向旅店老板说，自己想留下来做服务生，只要管吃管住就行，一分钱工资都不要。老板一听高兴极了，将他留了下来。

从旅店服务生做起，哈特再也没有停下奋斗的脚步。10

年过去后，哈特不但拥有令人羡慕的巨大财富，还娶了罗斯的女儿为妻。

在海洋里，没有鱼鳔的鲨鱼终将成为王者，而在城市里，只有哈特这样的强者才能生存得更好。每个人的人生都有不如意之处，但这不如意并不能成为人们逃避或退让的理由，若是低头服输，以后还将遇到同样的障碍；若是奋力越过，就能够继续向前。富有者并不一定伟大，贫穷者也并不一定卑微。上帝把机会摆在每个人的面前，只要抓住机会，全力拼搏，贫穷者也同样可以与富有者平起平坐。

有一位年轻的父亲是船上的水手，每年往来于大西洋各个港口。有一天，他带着儿子伊东布拉格去参观梵高故居。

儿子看到梵高故居里简陋的小木床和裂口的皮鞋后，惊讶地问："梵高那么有名，难道还不是一位百万富翁吗？"

父亲说："梵高是一位连妻子都没有的穷人。"

一年过去了，父亲又带着儿子去丹麦旅行。

在安徒生故居前，儿子困惑地说："安徒生那么伟大，我一直以为他生活在金碧辉煌的宫殿里。"

父亲说："安徒生是一位鞋匠的儿子，他就生活在这栋阁楼里。"

20 年以后，伊东布拉格长大成人，成为美国历史上第一位荣获普利策奖的黑人记者。他在回忆童年时说道："小时候家里很穷，我一直以为像我这样地位卑微的黑人不可能有什么光明的未来，好在父亲带我去了解了梵高和安徒生，这让我知道一个人有什么样的起点并不能决定他有什么样的终点。"

没有人生来就注定是什么样的命运，当我们无法掌控低势的起点，那就把精力放在奋斗上吧。它能让你知道，起点的落后并不值得痛苦，只要坚持奋斗，必将在终点看到属于自己的辉煌。

有好心情才会有好风景，有好思考才会有好主意

著名英国哲学家罗素说：“我的人生真谛是使事业成为喜悦，使喜悦成为事业。”如果能够保持好心情，再简单的风景都会成为迷人的美景。

一场旅行结束，本尼特坐着公共汽车赶往考艾岛机场。这一段车程不算长，往返一趟也就十几千米。本尼特坐到前排，与司机开着玩笑：“每天在这条线路上来来去去，我猜你一定烦透了！”

司机转过头对本尼特礼貌地笑了笑，又转过头去说道：“理论上我确实在重复相同的路线，但实际上我从没有重复过相同的旅程。在车上我总能遇到各种有趣的乘客，没开车之前我喜欢和他们交谈，听他们讲旅途中发生的各种趣事儿。我喜欢我的工作，又怎么会烦呢？”

本尼特看不到司机的面容，却能想象他此刻一定带着幸福

喜悦的笑容。的确，喜欢一份工作会带来好心情，而好心情可以起到积极正面的作用。好心情能为一个公共汽车司机带来愉悦的享受，甚至还可能让一个人激发出某种巨大的热情或能量，18 世纪和 19 世纪的两位少年也分别证明了这一点。

富尔顿出生在一个贫穷的农民家庭，从小就是个活泼好动、喜欢动脑的孩子，遇到问题不弄明白绝不罢休。他仿佛没有碰到过什么难事和愁事，脸上永远带着笑容。

14 岁那年，富尔顿对制炮产生浓厚的兴趣，并与一个制炮工人结为朋友，两个人时常划着小船去钓鱼。小船在水流湍急的河道中缓慢而行，两人费尽力气划了半天，才能往前划一段很短的距离。爱思考的富尔顿心想：如果能制造一个替人划船的机器多好啊！此后，父母时不时看到富尔顿在“发呆”，其实那是富尔顿正在捕捉自己的灵感。

舅舅的工棚是富尔顿的乐园，里面有着各种工具和材料。不管什么时候，只要钻进工棚，他准会变得眉飞色舞。等到想法成熟以后，富尔顿立刻进入工棚专心致志地搞起了自己的发明。一天，他搬出一个稀奇古怪的机器，小心地安装在船上。

大家好奇地赶过来围观，两个胆大的小伙子干脆坐在船上。富尔顿用手摇动那个机器，机器立刻响起一阵“突突突”的声音。紧接着，小船一阵微微抖动，搅起一股翻卷的水花。天啊！小船竟然不用竹篙自己在前进，围观的群众全都欢呼起来！

富尔顿制造的那台机器就是汽船上使用的轮子，他后来经过不断改进和创新，终于造出了世界上第一艘以蒸汽机为动力的轮船。

另一位少年很有趣，是一位不折不扣的小提琴爱好者。他特别喜欢小提琴，练起琴来如痴如醉，一心想成为帕格尼尼那样的演奏家。可是少年的琴声太难听了，父母想如实告之，又怕伤了孩子的自尊心。

也许这个少年也意识到自己拉得不好，便去请教一位老琴师。老琴师笑眯眯地让他拉一支曲子先听听。一曲终了，老琴师问少年为什么喜欢拉小提琴。

少年说：“我想成功，想成为帕格尼尼那样伟大的小提琴演奏家。”

老琴师又问：“拉小提琴的时候你快乐吗？”

少年点点头。

老琴师笑眯眯地说：“觉得非常快乐，说明你已经成功了，又何必非要成为帕格尼尼那样的演奏大师呢？快乐本身就是成功嘛，有了好心情才能塑造好人生！”

这番话令少年陷入沉思，自那以后，他依然喜欢拉小提琴，依然陶醉其中，但不再受困于成为帕格尼尼的梦想。知道少年是谁吗？他就是阿尔伯特·爱因斯坦。爱因斯坦后来成为一位举世公认的伟大物理学家，只是小提琴依然拉得如当初一样蹩脚。

从两位少年的不同经历可以看出，好心情可以给人带来积极的影响。这种影响令人心生快乐，充满愉悦，随时可能激发出巨大的工作热情。爱因斯坦拥有它，等于拥有一段快乐的人生；富尔顿拥有它，能够造出蒸汽机轮船。那么，好心情在你的人生中有没有得到充分使用呢？或者说你能将它的能量放大多少倍？

记住，好心情具有一种神奇的魔力，能将身边的一草一木、一花一叶变成风光绮丽的美景，也能将繁杂的日常小事变成幸福和快乐的事情。善于使用它，它就会为你带来好思考，而好思考又能催生好主意，随着一个个好主意的诞生，生活的美好也将不期而至。

著名哲学家苏格拉底特别善于调节自己的心情。在没有结婚之前，他与几个朋友住在一间很小的屋子里。尽管生活非常不方便，苏格拉底依然乐呵呵的。

有人忍不住嘲讽苏格拉底，说："和那么多人挤在一起住，转个身都难，有什么可乐呵的？"

苏格拉底不以为然地说："朋友们住在一起，随时可以讨论问题，交流思想，这难道不是一件值得高兴的事情吗？"

后来，朋友们相继结婚，从小屋里陆陆续续搬了出去，最后只剩下苏格拉底一个人。

看到他每天还是那样乐呵呵的，别人又问他："只剩你自己住了，还高兴什么？"

苏格拉底回答："有很多书陪着我呀。一本书就是一位老师，可以时时刻刻向老师请教，心情怎能不好呢？"

过了几年，苏格拉底也结婚了，搬进了一座大楼的最底层。楼上时不时有人往下面泼脏水，或是扔旧鞋子、死老鼠、垃圾等脏东西，造成底层环境非常差。有人见苏格拉底仍然心情不错，觉得十分纳闷。

苏格拉底才不介意呢，他笑着说："住在一楼好处非常多，不用爬楼梯，搬东西方便，朋友来访不用一层层询问，还可以养花种菜，真是有数不尽的乐趣呀！"

当苏格拉底把底层房间让给偏瘫的老人，自己搬到顶层时，那人又提出同样的问题。

苏格拉底不紧不慢地说："住在顶层的好处也不少啊！每天上下楼几次有利于身体健康，看书、写文章时光线充足，没有人会干扰你，白天夜晚都很安静。"

那人不禁感慨地说："怪不得您能有这么高深的学问，是因为每天都有好心情啊！"

他说得不错，苏格拉底能够成为智慧的哲学家，正是因为懂得生活的真谛。这位哲学大师将人生中的诸多小事换个角度去看，当人们看到的是种种不如意的时候，他却看到了另外良好的一面。如此会生活的人，怎么可能没有一份好心情？掌握了好心情的魔力，你会看到生活正在向着美好的方向一点点转变。

人生很长，不要丢了自己

若按70岁计算，人的一生有25550天，613200个小时。长吗？挺长的。再想一想，漫长的人生之路上又会生出多少诱惑？金钱、权力、名望、美色……欲望的陷阱遍地皆是，谁将成为深陷其中的失足者？

本宁顿大学是美国的一所私立学校，学费非常昂贵，温鲍姆每年必须支付1万美元的学杂费和住宿费。他的家境本来就不富裕，小学和中学靠奖学金和业余时间打零工尚能勉强应付，面对昂贵的大学学费及生活成本，这个新生一筹莫展。

起初，温鲍姆在一家美术画廊谋到一个临时职位，又在一家杂志社担任兼职编辑，平时还挤出时间写些小说，赚取微薄的稿费，可是这些收入相对于昂贵的学杂费来说，只是杯水车薪。于是温鲍姆决定铤而走险，加入纽约曼哈顿区的毒品走私黑市。这个小伙子自以为聪明谨慎，办事周全，只要小心一点儿，就不会酿成大祸。

黑市贩子带着温鲍姆一边四处享受生活，一边把上千美元甚至上万美元现金塞进他的口袋。小伙子认为这些哥们儿很讲义气，没几天便与他们打成一片，开始频繁出入毒品市场，胆子也变得越来越大。有时候，他也觉得担惊受怕，可是每当有退出的意图，便会有人威胁道:“不干就要你的命！”

几年过去了，温鲍姆总算顺利大学毕业。可是这时候，他已经习惯花钱大手大脚，而且根本无法摆脱贩毒团伙。有一天，有个毒品贩子私吞了温鲍姆的 350 美元，他数次讨要未果后，一气之下向警察告发，导致对方被关押了一个星期。贩毒集团的头目觉得这个家伙居然能为了 350 美元就去告发同伙，认为他太不可靠了，而且他对集团内幕了解较多，一旦泄露出去，后果难料。于是，一个可怕的阴谋开始实施。

1982 年 7 月 21 日清晨，警察在纽约曼哈顿区东南部巡逻时看到一只奇怪的大塑料袋，里面装着一具年轻人的尸体，他们后来确认死者正是温鲍姆。在查访过程中，警察发现这个刚刚毕业的大学生竟然还是校垒球队领队、校报编辑、研究莎士比亚戏剧的优等生、心理学研究生。抛开毒贩子身份，他完全就是一个出类拔萃的好学生，可是这名好学生却为了一时之利误入歧途，踏上了一条不归路。

金钱的诱惑令许多人深陷泥潭，名气的诱惑也戕害了不少人，美国文学家爱默生就遇到过这样一位年轻人。

年轻人自称是诗歌爱好者，希望能够得到文学大师爱默生的指导。年事已高的爱默生了解到对方出身贫寒，但谈吐优雅，气宇不凡，于是仔细阅读了他奉上的几页诗稿。出于爱才、惜才之心，爱默生决定以自己在文学界的影响力来帮助年轻人。在接下来的日子里，爱默生将诗稿陆续推荐给一些文学刊物，希望通过此种方式来帮助年轻人进步。

与此同时，他们二人开始展开频繁的书信来往。年轻人在来信中谈起文学来洋洋洒洒，动不动自称“天才诗人”，而爱默生在去信中时常以肯定对方来大加鼓励，在与友人的交谈中也会提起年轻人的名字。渐渐地，这位青年诗人在文坛搏得了一些名气，可是他此后却再也没有给爱默生寄来什么新作品。那厚厚几页信纸中除了自诩之词，便是夸夸其谈，语气也越来越傲慢。

凭着多年来对人性的洞察，爱默生看到年轻人已经迷失了心志。在一次文学聚会上，他问对方为什么没写新的诗歌，那个青年诗人傲慢地回答:“我是个大诗人，写长篇史诗才能符合身份。”然而之后的几年里，青年诗人仍然没有推出新作品。直到有一天，他在给爱默生的信里终于承认了自己面对稿纸脑中一片空白，再也无法写出美妙的诗句。

树立远大的志向本来无可厚非，但一定要认清自己的实力。青年诗人被一点小小的名气冲昏了头脑，最终使自己的远大志向变成了一个可悲的笑话。他的故事告诫正在奋进的人们，无论从事何种职业，都要认真去做，用心去做，别再犯下不自量力和好高骛远的错误，别再于漫长的人生中弄丢了自己。

与青年诗人相比，约翰·图尔是一位拥有真才实学的文坛新秀，同时也是一位意志薄弱的年轻人。

早在少年时期，约翰就把当一名作家作为自己的梦想。那时候，他刚刚完成小说《霓虹圣经》，接着又开始撰写另一部穿越小说。这部小说的写作时间很长，从约翰参军时开始写，一直到退伍前夕才算完成。

回到家以后，约翰兴致勃勃地联系了很多出版商，可是收到的回信几乎千篇一律。

“文笔很好，但读者不会喜欢这类故事。”

“很抱歉，我们不能出版您的小说。”

“您的小说有些超前，恐怕没有读者能接受。”

当时是20世纪60年代，连朋友们也都认为这部小说的内容过于虚幻，不会有多少人喜欢。

约翰的母亲图尔太太坚信儿子的小说非常精彩，她将小说文稿寄给多家出版社，然而8年过去了，书稿仍旧无人问津。约翰无法承受一次次打击，变得心灰意冷，绝望至极，图尔太太含着眼泪，仍然坚持替儿子邮寄书稿。

11年过去了，路易斯安那大学的校内出版社终于同意出版这部小说，并为其取名《笨伯联盟》。令出版方出乎意料的是，新书刚一上市，首印的1000本就被抢购一空。经过不断加印，这部作品销量连连看涨，竟然成为风靡一时的流行读物。

1981年，《笨伯联盟》获得当年普利策最佳小说奖。遗憾的是，作者约翰却无法前来参加颁奖仪式，因为他受不了一次次失败的打击，早就在1969年就结束了自己年轻的生命。如今，这部优秀的作品已经被翻译成18种语言，发行量超过了1500万本！连约翰之前完成的那部小说《霓虹圣经》也成功出版，获得了读者的一致好评。

图尔太太该多么为儿子惋惜！如果约翰不是那般重视结

果，也许就能挺过那一段难熬的时期。可是逝者已逝，言之何用？人生的考验层出不穷，即便越过了眼前的坎坷，意志薄弱的人难保不会在下一个隘口再度遇险。

愿年轻一代在生活的磨炼与诱惑中不要迷失了自己，尽可能地让自己变得更坚定，更强大，尽可能对浮于身外的金钱与名誉看得轻一点儿，对牵系一生的幸福与未来更重视一点儿。

用学习为未来投资 

虽然学习的过程非常辛苦，但是它给予的回报相当丰厚。用学习为自己的未来投资，是每一个年轻人的明智选择。若干年前，法国科西嘉岛上的一位小伙子就用这种智慧的方法，为自己的人生做出了精彩的诠释。

拿破仑出生于一个落魄的贵族家庭，少年时被父亲送进了一座贵族学校。他身边的同学非富即贵，人们对这个穷小子嘲讽不断。这令拿破仑感到非常愤怒，可是自己天生是个小矮个，能打得过谁呢？拿破仑在屈辱中地度过了漫长的 5 年。

按照常理，5 年的忍气吞声极易让人形成性格缺陷，但拿破仑却没有做出极端的行为，而是将每一次受到的嘲笑和欺侮化为学习的动力，他暗下决心，日后一定要取得一番成就。

16 岁那年，拿破仑的人生经历了两次变动，一是他进入军队成为一名普通少尉，二是父亲不幸离世。为了养活母亲，这个年轻的少尉每个月都从微薄的薪金中省出一部分寄回家里。在后来的一次军事征召中，拿破仑跟随军队去了遥远的发隆斯。发隆斯的军事行动并不多，有大量闲暇时间的军人们走进酒吧、赌场和妓院里，挥霍着年轻又无聊的岁月。拿破仑在此期间为自己争取到一个合适的职位，结果却因为贫穷而被别人顶替。

怎么办？不公平的竞争处处存在，如何才能让自己不会成为被替代者？拿破仑开始努力读书，决定用另一种方式投资自己的未来，证明自己拥有更强的优势。在接下来的几年里，拿破仑写下了厚厚的读书笔记，那些笔记后来印刷成文，竟有400多页。

拿破仑平时很喜欢阅读一些军事书籍，他运用自己的全部知识绘出一幅精准的科西嘉地图，并在地图上标明哪些地方应该加强防范，哪些地方应该派驻军力。这个普通少尉的优异表现很快引起了长官的注意，不久他便获得了一个升职机会。拿破仑从此步步高升，没用几年时间即成为军队里炙手可热的实权人物。曾经嘲笑他的人开始拼命讨好他，曾经揶揄他的人变得处处尊重他，很多人都以能与他为友而引以为豪。拿破仑把学习当作一项长期投资的计划取得了成功，也为他日后登上法兰西皇帝的宝座奠定了基础。

从一个普通的少尉成为法兰西皇帝，拿破仑确实拥有过人的军事才能和领袖才能，支撑他仕途高升的第一个先决条件是什么？是坚持学习。学习各种技能就像一项长远投资，虽然在短期内看不到什么效果，但是在遥远的将来会给予你丰厚的回报。

更重要的是，学习的道路上不存在任何捷径，拿破仑即使再聪颖，也必须肯下苦功，能够坚持。如果半途放弃，那么他的人生道路自然会转向另一个方向，日后能否成为法兰西皇帝，也就未可知了。

这一点，中国晋朝的大文学家陶渊明深有同感。陶渊明声名赫赫，归隐田园后依然有不少人慕名前来求教。

有一天，一位少年前来拜访陶渊明，向他请教求知的妙法。

陶渊明听了，呵呵笑道："哪有什么妙法，只有笨法。想获得知识全凭刻苦学习，勤学就会进步，懒怠就会退步啊。"

少年听了默不作声，似乎对这个答案很不满意。

陶渊明带着少年来到田边，指着一片片整齐的稻秧问他："你仔细看看，稻秧有没有在长高？"

少年蹲下身子，目不转睛地盯了一会儿，然后站起来老老实实地回答："晚辈没看到稻秧在长。"

"稻秧要是没有长，怎么会从小小的秧苗变成现在这么高，将来还会结出沉甸甸的稻谷呢？我们的眼睛看不到，但不能否认稻秧没有生长。读书求知也是一样的道理，日日勤于苦读，不知不觉就会积累丰富的知识了。"

陶渊明说罢，又指着树下一块大磨石问："你知道磨石为什么会凹下去？"

少年回答："那是磨镰刀磨的。"

陶渊明接着问："哪一天磨的？能看出来吗？"

少年无言以对。

陶渊明说："村里人天天在上面磨东西，天长日久，这块磨石就变成了现在这个样子，绝非一日之功啊。如果读书不能持之以恒，就不会有日积月累后的精进。”

少年恍然大悟，明白了眼前这位老前辈的良苦用心。

放眼当下，许多年轻人可能会以“太忙，没有时间”“一结婚，就没动力了”“以后再说吧”等种种借口放弃学习。如果你稍稍留心观察身边的朋友、同事就会发现，积极学习的人在事业上大多处于上升之势，而借口多、安逸懒散的人要么止步不前，要么每况愈下。正如有句话所说：“不一定终身受雇，但必须终身学习。”唯有不断学习，不断进取，你才能比别人拥有更多享受美好人生的机会。

春秋时期的晋平公是一位治国明君，把晋国治理得井井有条，既得臣子的信赖，又得百姓的爱戴。他打算继续读书学习，可是已经步入古稀之年，还能有多少精力呢？晋平公去请教老臣师旷：“先生您看，我已经 70 岁了，这个年龄再去读书学习，会不会太晚了？”

师旷是一位双目失明、博学多智的老人，听后笑着回答：“太晚了？那您为什么不把蜡烛点起来？”

晋平公的脸色有些不悦，“先生说什么呢？哪有臣子戏弄国君的道理？”

师旷急忙解释：“您误会了，老臣正是在说学习的事情。”

“此话怎讲？”晋平公问。

师旷说道：“人在少年时期勤学好问，犹如获得早晨的阳光，那阳光温暖明亮；人在壮年时期读书学习，犹如获得中午的阳光，虽然时间已经过去一半，热量依然很强；人在暮年时期求学好问，虽然已经没有了阳光，可是他还可以点亮蜡烛啊。微弱的烛光虽然不怎么明亮，总比在黑暗中摸索要好得多。”

听了师旷的一席话，晋平公这才明白其中的深意，“确实如此，您说得太好了！”

身为一国之君，在暮年之时尚且努力求知，今天那些风华正茂的年轻人还有什么理由不去学习？他们当下的一举一动关系着人生的未来，学习能力越强，就预示着未来能走得越远，攀得越高。

学习是一笔可以无限兑付的长远投资，它将为你的人生带来难以估量的回报。

谁是你的偶像

偶像等同于目标，追逐偶像其实就是在追逐一个我们渴望成功的目标。在充满迷惘、面临多种选择的人生阶段，确立一个正面的偶像或是一个准确的目标很重要。

撒哈拉沙漠的西端有一座小村庄名叫比塞尔，它是沙漠中的一片绿洲，风光优美，景色怡人，每年都会吸引上万名游客前来观赏。但在1926年以前，也就是英国皇家学院院士肯·莱文发现它之前，没有一个村民能够走出沙漠。他们不是不想离开这片土地，而是尝试过很多次都没能走出去。

肯·莱文来到此地，打着手语向当地人了解原因。村民们告诉他，不管走向哪个方向，最终仍然会回到出发的地方。怎么会这样？肯·莱文百思不得其解，后来他雇了一个名叫阿古特尔的比塞尔人给自己带路，想看看到底是怎么回事。两人牵着两只骆驼，带上水和食物出发了。肯·莱文特意没有带指南针等任何现代设备，只是拄着一根木棍跟在比阿古特尔后面。

10 天过去了，两人走出了大约 1300 千米。第 11 天的早晨，两人果然又走回了小村庄。有了这次实地考察，肯·莱文终于明白了其中的原因——比塞尔人走不出沙漠是因为他们根本不认识北斗星。比塞尔小村庄位于广袤的沙漠中，几千千米之内不见一个参照物，如果再不会分辨北斗星或者没有指南针，很容易在沙漠里兜圈子。

肯·莱文在离开比塞尔的前夕叫来了阿古特尔。他告诉阿古特尔，只要白天休息，晚上朝着北面最亮的星星一直走，就能走出沙漠。阿古特尔依言而行，果然在 3 天之后走到了大漠的边缘。

小村庄沸腾了！村民们第一次走出闭塞的环境。他们把阿古特尔视为比塞尔的开拓者，后人还为他竖起了一座纪念铜像，铜像上刻着一行字："新生活是从选定方向开始的。"

可见设立一个明确的目标和取得成功一样令人兴奋。在繁杂的生活中，如果没有目标，那么就像是在原地绕圈子，永远也无法前进。为了取得成功，人们必须在杂乱无序中设立目标，找准方向，这样即使行动缓慢，也会比绕圈子的进步更多一些。当点滴进步持续增加，人们总有一天会实现既定的目标。

很多大学生在临近毕业的时候依然摸不清自己未来的方向，于迷惘中消耗着可贵的光阴。如果他们早已设定了目标，早就知晓自己的定位，根本不会存在片刻的犹豫和茫然。美国有一位游泳健将，在第一次横渡卡塔林纳海峡时，就是因为失去了目标，与成功失之交臂。

1952 年 7 月 4 日清晨，美国加利福尼亚海岸被笼罩在一片浓雾之中。在海岸以西约34千米的卡塔林纳岛上，一位女子纵身跃入浩瀚的海洋，游向加州海岸，她的名字叫费多伦丝·查德威克。

时间一点点过去，海雾越来越浓，在海中游泳前行的查德威克根本看不清前方。15个小时过后，她又冷又累，打算爬上护送船。护送船上的父亲和教练说，这里距离海岸已经很近了，不要放弃，继续努力，很快就能到达目的地。

查德威克努力向前看去，除了茫茫大雾，什么也看不到。又坚持了十几分钟，她终于决定放弃。登上护送船后不久，查德威克的身体慢慢缓过劲儿来，但她的心中却有一种强烈的挫败感。也正是在那一刻，查德威克知道了自己的上船地点距离加州海岸只有不到1千米！这短短的不到1千米的距离令她丧失了一次载入史册的机会，也是她一生中唯一一次没有坚持到底的游泳历程。

查德威克懊悔地说道："说真的，我不是在为自己找借口。但如果当时能看到陆地，也许我就能坚持下来。令我半途而废的不是疲劳，不是寒冷，而是在浓雾中看不到目标。"

两个月以后，查德威克发起第二次挑战，这一次她成功了，也由此成为世界上第一位游过卡塔林纳海峡的女性。

现代的年轻人常常崇拜歌星、影星或球星，明星偶像带给粉丝的也大多是积极的正能量。虽然未曾谋面，粉丝却会将偶像视为成功的象征或奋进的源动力。

20世纪初期，美国足坛有一位传奇明星吉姆·布朗。布朗每次在旧金山参加比赛的时候，有位小男孩都会一拐一拐地赶往球场。因为买不起一张门票，小男孩只能等到球赛即将结束，趁工作人员推开大门的时候想办法混进去，得以观看最后几分钟的球赛。

在小男孩 13 岁那一年，他终于有机会和偶像碰面了！那一天，小男孩无比骄傲地走到吉姆·布朗跟前，大声说："布朗先生，我是你的忠实球迷！"

吉姆·布朗笑眯眯地回应道："谢谢你。"

小男孩又说："布朗先生，你知道吗？我记下了你的每一项记录。"

"真不错。"布朗的脸上是快乐的笑容。

小男孩像是受到了鼓励，自信地说："布朗先生，终有一天我会打破你的记录。"

"嘿！你叫什么名字？好大的口气。"布朗有点儿惊讶。

小男孩得意极了："我叫澳仑索·辛普森。"

事实正如澳仑索·辛普森所说的，他长大后加入了职业球队，打破了吉姆·布朗的每一项记录，并创下了一些新记录。

澳仑索·辛普森在少年时期即将吉姆·布朗视为自己的偶像，确立了明确的方向，其后又能认清目标，坚持奋进，不畏艰辛地去追求，去实现自己的人生目标。在他的人生道路上，吉姆·布朗本身就代表着一种强大的力量，鼓励着他去取得成功。

那些浑身散发着正能量的偶像们，他们让粉丝有了前行的力量和方向，让粉丝有目标地去追逐渴望成为的自己。这个世界需要偶像，不是为了造神，而是用来效仿和超越；人们需要确立人生目标，也不是为了好高骛远，而是用来指明方向，警醒自己。静下心时不妨想一想，谁是你的下一个偶像或目标？

Part 03

有爱的青春，终将长成最美的模样

日月和星辰属于天空，

亲情、友情与爱情缠绕一生。

漫长的生命历程里，

既然总有光明与晦暗、落寞与繁华，

那为什么不在最闪耀的时光里努力长成最美的模样？

就算是一坨臭狗屎，也会遇到一个心地善良的屎壳郎

再大的锅也有个刚刚好的盖儿，再小的纽也有穿过去的扣儿。爱情世界里并非只有阳春白雪，哪怕你是个下里巴人也能找到另一个下里巴人。

恰如有句话所说："就算你觉得自己是一坨臭狗屎，也会遇到一个心地善良的屎壳郎，不远万里找到你，然后当成宝贝，再不远万里地把你滚回家，一路上悉心呵护着你，怕你被抢了，被踩扁了，或者撞到石头，一心想着把你变成家里的镇宅之宝。别怀疑，世界有时候就是这么好。"

德国哲学家黑格尔从小就喜欢读书，无论多么枯燥的书籍他都能看得津津有味。上中学的时候，同学们时常挖苦这个读书狂，毕业时还有人在他的纪念册上画了一幅漫画，画上是一个驼着背、拄着双拐的书呆子，旁边附有一行题词："愿上帝保佑这位老头儿。"

黑格尔并不理会别人的讥讽，大学时依然沉浸在书的海洋里，如醉如痴地汲取各种知识营养。读完一本书，他往往会陷入沉思，犹如僧人入定一般，完全忘记了周围的一切。1811年，40岁的黑格尔颇负盛名，但还过着独身生活。有一天，这位哲学家终于意识到自己应该结婚了，于是便给好友写信，希望朋友们能帮自己物色一位生活伴侣。

在大家看来，黑格尔是个书呆子，年纪又大，恐怕不容易寻觅到一位理想的妻子。然而没等朋友们伸出援手，黑格尔就有了意外的收获。他的意中人是出身名门的玛丽·图赫尔，比黑格尔小了将近20岁。年龄的悬殊并没有成为他们的阻碍，当黑格尔向玛丽求婚的时候，姑娘羞涩地注视着才华横溢的哲学家，轻轻地点了点头。

1811年9月16日，这对新人举行婚礼，开始了相守20年的婚姻生活。需要着重指出的是，黑格尔的重要著作大都在此期间著成。在给友人的一封信中，他自豪地写道："婚后半年就写出了一本内容深奥的书稿，真是非同小可！我一有公职，二有爱妻，可谓人生圆满啊。"

就算步入中年，黑格尔这个不谙情事的读书狂不也找到了爱情的另一半？而且还是一位在精神层面上与他如此契合的生活伴侣，他当然会志得意满。

法国思想家卢梭曾说："在爱好、脾气、情感和性格方面彼此相配的一对夫妻，可以经得起一切灾难的袭击。即便他们过着贫困潦倒的日子，也远比那些虽然占有全世界财产却离心离德的夫妇要幸福得多！"这句话适用于黑格尔，也适用于音乐奇才莫扎特。

奥地利音乐大师莫扎特的作品旋律非常优美，常给人一种积极向上的力量，但他的一生颠沛流离，历尽坎坷。有着如此痛苦的经历，为什么还能写出那么明亮、乐观的作品呢？究其原因，最不容忽视的一点就是爱情的力量。

莫扎特出身音乐世家，父亲对他的管教非常严格，极高的音乐天分和后天的刻苦训练使他成为音乐史上杰出的神童之一。莫扎特 4 岁便会弹琴，5 岁开始作曲，11 岁就写出了一部歌剧，14 岁成为波伦亚爱音乐协会的会员。

然而在当时，这些辉煌的成就并没有改变一位艺术家被歧视的命运，少年莫扎特不过是贵族茶余饭后的谈资笑料。随着年龄的增长，他对艺术的追求越来越高，再也无法忍受呆板凝滞的宫廷音乐。一次，为了维护艺术家的尊严，莫扎特冒犯了一位达官显贵，自那以后，再没有人肯接纳他的作品，更有一些人处处对他故意刁难。这位年轻的音乐家变得穷困潦倒，没有一个姑娘愿意嫁给他。后来，他来到维也纳，寄宿音乐家威伯的家里，威伯 18 岁的女儿康斯坦齐打开了莫扎特的心扉。

爱情的力量是伟大的，美丽纯真又乐观向上的姑娘使莫扎特振作起来，让他重新感觉到生活充满了阳光。婚后，莫扎特根据奥地利传说写了一部歌剧《贝尔蒙特和康斯坦齐》，把自己和爱人的秉性赋予剧中的男女主人公。可惜演出的成功没有改善两人的境况，高利贷反倒成为家中的常客，只有爱神在恶劣的处境中保护着他们。

寒冬降临时，由于无钱买炭取暖，莫扎特家的屋子里几乎滴水成冰。为了让莫扎特免于受冻，康斯坦齐时常拉着他翩翩起舞，直到他暖和过来，谱写一曲优美的旋律。莫扎特婚后的

10 年是他一生中最坎坷的 10 年，也是爱情生活最美满的 10 年，更是创作最旺盛的 10 年。如果没有纯真的爱情和幸福的家庭，这位音乐大师不可能取得如此成就。

另一位著名诗人罗伯特·勃朗宁也是从爱情里汲取着丰富的养料。

勃朗宁的爱人伊丽莎白·芭蕾特是个不幸的人。从出生开始，幸运女神就没有眷顾过她。芭蕾特先是小时候坠马摔伤，后来又遭遇亲兄弟的去世，两次打击令她的身体受到极大伤害，常年缠绵于病榻，根本无心考虑爱情，唯一使芭蕾特内心充满愉悦的事就是创作诗歌。她在病榻上读了很多诗集，写下很多诗歌，偶尔在报刊上发表一些作品。渐渐地，她变得小有名气。

有一天，芭蕾特收到诗人勃朗宁寄来的一封感谢信，感谢她赞赏自己的诗集《铃形花与石榴》。过了一段时间，勃朗宁经过芭蕾特表兄的介绍，前来拜访素未谋面的芭蕾特。两位年轻的诗人志趣相投，谈得十分投机。之后，勃朗宁爱上了才华横溢的芭蕾特，并义无反顾地向她求婚。虽然芭蕾特对这位求婚者一往情深，但她知道形如槁木的自己根本配不上充满青春活力的勃朗宁，只能成为对方的累赘，于是狠心拒绝了这次求婚。

勃朗宁没有灰心，他爱的是芭蕾特与她那些美丽的诗歌，故而坚持不懈地用爱情的火焰去融化芭蕾特心中的坚冰。经过一年多的交往，芭蕾特终于打开心扉，做出了决定：好吧，那我就抛开死的梦幻，重新活一回！爱我吧，看着我，用真心呵护我吧！

1846 年 9 月，两位年轻人结婚了。爱情带给他们源源不断的精神力量，夫妇俩的诗情如火山爆发般喷薄而出，佳作接连不断。更令人惊奇的是，在丈夫无微不至的照顾下，芭蕾特的身体状况有了很大好转，她开始离开病榻走到户外，尽情欣赏南欧的旖旎风光，后来终于成为诗坛上一位著名的女诗人。

青春岁月里，爱情不容缺席。不管是白头偕老，还是半途转身；不管是相濡以沫，还是相忘于江湖，每份爱情都在演绎着自己的故事。别去过多在意他人的眼光，连一坨臭狗屎都能找到一个钟爱自己的屎克郎，还有什么理由让我们与爱情擦肩而过呢？爱情也许会姗姗来迟，但终将不会成为缺席者。

在爱情面前勇敢一些，也许你离幸福就差一点点

遇见了，想爱却不敢爱；爱上了，想追却不敢追；追上了，想承受却怕承受不起。爱情的主角经常陷入一次次纠结中。在这场追逐的游戏中，懦弱者通常无法迈入幸福的婚姻，勇敢者却有机会和有情人共结连理。

达尔文和皮埃尔都是大名鼎鼎的科学名人，当爱情不期而至，他们愿意做一个懦弱者还是勇敢者？

1819 年，10 岁的达尔文随父亲去看望舅舅。舅舅家的三个表姐都很喜欢这个小表弟，达尔文也非常喜欢她们。最小的表姐埃玛只比达尔文大 10 个月，但在埃玛的面前，她时常装出一副小大人的样子。

达尔文经常到舅舅家玩，和小表姐成了青梅竹马的玩伴。达尔文自小聪颖，脑子活络，能把莎士比亚的《十四行诗》背得滚瓜烂熟。埃玛也非常喜欢诗歌，两个人一旦讨论起诗歌

来，就会说个没完没了。

随着年龄的增长，两个人都明白，他们之间除了友谊以外，还有一层更深的感情。1831年，22岁的达尔文从剑桥大学毕业，即将跟随“贝格尔”号军舰前往南美进行科学考察。圣诞节的前一天，他顶着大雪来到舅舅家向埃玛道别。

美丽的埃玛心怀情愫，以为达尔文在出发前会向自己求婚，结果大失所望。当时达尔文认为自己长期外出，归期未知，不忍心让埃玛长时间地等待，白白浪费了青春。而埃玛也知道达尔文的事业心很强，也不忍心在婚姻问题上拖他的后腿，只好无奈地跟他分别。

这一次分别将近5年，埃玛拒绝了很多求婚者，一心一意等着达尔文。当她看到风尘仆仆的达尔文时，忍不住流下辛酸的眼泪。旅途的艰辛和岁月的磨砺给达尔文的身体留下很多的印记，他开始脱发，眼角有了明显的鱼尾纹，看上去就像40多岁的人，没有一点儿年轻人的样子。

埃玛的等待令达尔文十分感动，但他同时又考虑到很多现实问题：自己在科学上没有任何建树，暂时还没有固定收入，如果匆忙结婚，肯定会给生活和事业带来许多问题，他可不愿意靠家里的资助与埃玛的嫁妆来生活。

失望的埃玛只能向大姐哭诉，这个单纯的姑娘此时依然没有一句抱怨之词。达尔文全身心地投入到科学研究中，撰写了许多学术论文，引起了科学界的注意，后来被聘为地质学会的秘书。直到1839年，30岁的埃玛才盼来达尔文姗姗来迟的求婚，迎来了幸福而平静的婚姻生活。

埃玛的望穿秋水终于盼来了一个美满姻缘，与她的漫长等待相比，居里夫人算是比较幸运了。因为皮埃尔在爱情面前要比达尔文勇敢一点儿，让她只忍受了一年多的煎熬。

1894 年 4 月的一个晚上，物理学家皮埃尔·居里到好友物理教授科尔瓦斯基的家里做客。主人热情地说：“我要给你介绍一位非常有才华的女学生，希望在金属磁性研究方面，你能给她一些指导和帮助。”话刚说完，门铃响了，一位清秀优雅的姑娘出现在门口。主人连忙向皮埃尔介绍：“这位就是我要引荐的玛丽小姐。”

皮埃尔一向对女性抱有成见，认为她们不懂得努力汲取知识。出于礼节，他走过去客套地与女学生握握手。没想到这一握让皮埃尔注意到玛丽手上竟然有硫酸烧伤的疤痕。他的心中不由一动，多看了对方几眼。

当时，35 岁的皮埃尔相貌端正，举止潇洒。玛丽闻其名已久，见到皮埃尔本人自然十分欣喜。可是除了欣喜，她分明还感觉到一种别样的情愫，究竟是什么，自己也说不准。玛丽曾立誓这一生只爱科学，不愿把研究科学的时间浪费在谈情说爱上，所以心中也从不为爱情留有空间，难道那种没有体验过的莫名好感就是爱情吗？

当天夜里，皮埃尔和玛丽都失眠了，各自在寓所里辗转反侧。皮埃尔划去日记本里那些对女性的偏激言语，经过那天晚上的了解，他确定自己爱上了喜欢科学、勤奋要强的玛丽。可是，对方会喜欢自己吗？他的心里一阵忐忑不安。

自那以后，皮埃尔每次见到玛丽都鼓足勇气想表白，话到嘴边却又难以启齿。玛丽早已确定自己爱上了皮埃尔，也感觉到对方很喜欢自己。如果皮埃尔更勇敢一点，两人的感情就没必要经受长时间的煎熬。1895 年夏天，皮埃尔终于大着胆子给玛丽写了一封信，表明了自己的心迹。很快，两人举行了一场简朴的婚礼，组建了一个幸福美好的小家庭。

在爱情面前，达尔文和皮埃尔显然都有顾虑之心，前者顾虑将来的工作、家庭的责任和能否给予爱人更多的幸福，后者顾虑对方是否和自己一样有倾慕之心。几番犹豫之后，两人最终成为爱情里的勇敢者，收获一段美满姻缘。

勇敢者的定义并不局限于战场上，在爱情这场角逐赛中，哪位男子能够获得这一冠名，必然有很大的机会去博得女子的青睐。西汉时期著名的大文学家司马相如深谙此道，曾借一首曲子传情达意，成功吸引了卓文君的注目。

司马相如是个怀有满腹才华的穷小子，在临邛（今四川邛崃）过着清贫的生活。老朋友临邛县令王吉见他生活窘迫，对他非常照顾。当地富豪见县太爷如此盛情款待司马相如，千方百计地前去巴结，一心想借着对方的名气给自己脸上增光添彩。

有一天，大富豪卓王孙摆筵席，派人给司马相如送去请柬，邀请他赏光赴宴。司马相如早就厌倦了这种无聊的应酬，于是托病辞谢。没办法，王吉只好亲自去请，并劝道："卓家有一张古琴，平时由卓王孙之女文君使用，你就当是去鉴赏古琴好不好？"

司马相如想起自己以前在成都时曾引来满城男女，其中有一位文雅俏丽的少妇，眼中颇有倾慕之意，听说她就是守寡回来的卓文君。自从那次匆匆一瞥，卓文君的面容便印在司马相如的心底，于是他欣然应允，随着王吉前去赴宴。

司马相如一露面，卓王孙顿觉蓬荜生辉。为了给大家助兴，王吉让卓王孙取来古琴请司马相如弹奏。司马相如弹了一曲《凤求凰》，曲中隐藏着丝丝情意。

躲在屏风后面的卓文君从琴声中听出了司马相如的情意，尤其是那句“中夜相从别有谁”，不就在约定相会的时间吗？她没有丝毫的犹豫，更没有嫌弃司马相如是个穷光蛋，当夜便与他远走高飞，缔造了一段千古佳话。

在爱情里，司马相如和卓文君都是勇敢者，如果当时一方稍有怯意，那段佳话就会戛然而止，后世间也就少了一段传唱千年的爱情故事。

与这些中外名人相比，我们在爱情里又扮演了什么样的角色？是勇敢者还是懦弱者？如果没有勇气直视过去的情感经历，那么不妨问问自己距离爱情还有多远？若已到达，请珍惜现在，若未到达，请努力争取。

以为可以为爱情死，其实爱情死不了人

某天和朋友闲聊着说起以前爱过的人，才发现当年那个让你日思夜想、爱得死去活来的人，如今变成了谈资笑料里的普通人，自己曾以为可以为那份爱情而死，如今却变成了别人生命里的过客。

1997 年，17 岁的切尔西·克林顿考入斯坦福大学。求学期间，她爱上了高年级的马修·皮尔斯。皮尔斯是学校的风云人物，成绩优秀，热爱运动，又刚刚获得美国大学生 200 米蝶泳冠军。这位英俊的帅哥对小师妹也情有独钟，两个年轻人很快坠入了爱河。

然而仅仅过了一年，切尔西那位身为总统的父亲便爆出了桃色丑闻，这桩丑闻在全美上下闹得沸沸扬扬。受这件事的影响，切尔西的整个世界瞬间坍塌了，她的照片被刊登在《纽约邮报》的头版上，闲言碎语铺天盖地而来。男朋友皮尔斯受不了别人讥讽的目光，远远地离开了她。

失恋的打击让切尔西度过了一段黑暗时期，她感觉整个人生都失去了光亮。找到皮尔斯以后，年轻的姑娘趴在他的肩头痛哭起来："我不想当总统的女儿，只想过正常人的生活。皮尔斯，我亲爱的皮尔斯，没有你我活不下去。"

可是有什么能够留住一个决心离去的人呢？与皮尔斯分手以后，切尔西在很长一段时间里精神恍惚，时常失眠，身体消瘦得很快，学业也受到了很大的影响，好不容易熬过了艰难的大学时光。

2002 年，切尔西为了避开在美国的尴尬处境，来到英国牛津大学攻读硕士研究生。新的环境渐渐让她的心情好起来，她终于摆脱了之前那段痛苦的恋情。

不久，另一个男人走进了切尔西的世界，他叫伊恩·克劳斯，是牛津大学的校友，两人的恋情火速升温。2005 年，切尔西结束学业，与克劳斯生活在了一起。朝夕相处中，她却发现这个男人的控制欲极强。经过无数次的沟通和退让，克劳斯依旧不改，切尔西再也无法忍受，主动提出了分手。

第二段恋情的结束让切尔西想清楚了很多以前想不清楚的问题。她也渐渐明白自己当年趴在皮尔斯肩头说的话有多么傻，总以为自己可以为了爱情去死，其实事情远没有想象的那么严重。用情过深固然会有感而发，一旦跳出感情的圈子，就会看到外面还有更广阔的世界。2010 年，切尔西与她的真命天子马克·麦兹温斯基走上婚姻的红地毯，开启了一段幸福的生活。

皮尔斯、克劳斯无缘牵手切尔西，在他们的生活里，切尔西也不过是一位匆匆过客。谁又能成为谁的主宰呢？爱情终究是死不了人的，梦醒过后才知道，没有哪一段爱情值得自己去付出生命或者荒废余生。

戴尔·卡耐基是20世纪最伟大的演说家，他年轻时曾经有过两段刻骨铭心的恋爱，尤其是第二次恋爱，令他一度非常消沉。

1911年，这个23岁的小伙子在纽约学习戏剧表演，不久又加入一个马戏团，遇见了马戏团的主角霍尔曼·珍妮小姐。在俄亥俄州的首场演出中，珍妮饰演一位女骑师，卡耐基饰演一位传教士，两人共同演绎了一段缠绵绯恻的爱情故事。表演虽然结束了，但是两个年轻人彼此心生爱慕，双双坠入爱河。

回到纽约，卡耐基和珍妮便离开马戏团，租了一间房屋，过起了甜蜜的二人生活。然而，这种生活没过多久，现实的困窘就逼得他们连面包都买不起了，卡耐基不得不走上街头贩卖手提箱。

微薄的收入并不能解决温饱问题，万不得已的情形下，珍妮变卖了所有首饰，最后连仅有的一件皮大衣也拿去换了牛奶。寒冷的冬天悄悄来到，两个瑟缩在房间里的年轻人怎么能熬得过去呢?

望着大街上的灯红酒绿，再看看冷得像冰窖的房间，走投无路的卡耐基决定重入演艺界。可是他找了一家又一家经纪公司，却总是得到这样的答复:“抱歉，今天没有适合你的角色。”

就在卡耐基处处碰壁之时，心爱的女人要离开他了。珍妮找到百老汇的一家制片公司，在那里谋得了一份工作。这天夜里，当卡耐基再一次无功而返时，看到珍妮完全变了样，她穿着一件意大利皮衣，脸上化着浓妆。

看着恋人惊诧的目光，珍妮哽咽了，“原谅我吧，戴尔，我别无选择，只想活得好一点儿。”

卡耐基能说什么呢？他紧紧地搂着珍妮，然后松开双臂，一言不发地收拾好行李，平静地向她道了一声再见，便跨出房门，消失在沉沉的夜色中。

在事业与爱情的双重打击下，这个年轻的小伙子痛不欲生，甚至一度产生过自杀的念头。好在他终于挺过了那段艰难的日子，渐渐振作起来，开始重新寻找人生的方向。

如果没有那一段痛彻心肺的爱情，卡耐基不知道还需要经历多少情感波折才能与桃乐丝终成眷属；如果演艺事业没有遭遇挫折，卡耐基后来恐怕也不会成为一个伟大的演说家。人生就是这么奇妙，总会存在许多不确定的因素，它们可能意味着另一次失败和打击，也可能预示着巨大的成功和幸福即将来临。

在取得成功、收获幸福的那一瞬间，回头再想想当年，坎坷已经被粉碎成细末铺在你的脚下，痛苦已经风化成追忆供你咀嚼回味。若是困囿于斯，如何能享受今日的满足、当下的荣光？

理智地对待爱情吧，失恋不是什么坏事，尽快地解脱出来，它将有助于你认识感情的本质，却无法破坏你的未来。只要心中仍然怀有对爱情的梦想，未来总有另一个人会手持钻戒笑着走向你。

不要用任性把爱情逼进死胡同

说起任性，很多人会认为那是女孩的专利，男人任性似乎极少见。事实绝非如此，这一类男人的确存在，他们觉得全世界都得宠溺自己，对妻子儿女缺少责任感。他们强悍的外表下藏着一颗无比傲气的心，随时都会用任性把并不坚稳的爱情一步步逼进死胡同里。

一位著名女性小说家的第一次婚姻就毁于一个任性的男人。

两人刚结婚的时候，家里的经济条件不怎么好，每天都得精打细算地过日子。

丈夫毕业于名牌大学的中文系，对文学非常狂热，认为自己一定能写出惊天动地的文学作品。作为一名老师，他每天的课并不多，虽然因此待遇不高，但是有很多时间可以用来写作。然而丈夫的写作速度很慢，文章发表也不多，家里主要靠妻子写一些小小说来维持生活。家里每天只有 7 元钱的开销，超过这个数字就是“透支”。

一天下午，夫妇俩正在埋头写作，窗户外面传来卖肉粽的叫卖声。

丈夫拿着钱要跑出去买，妻子阻止道：“一个粽子要三块五，两个就是一天的菜钱，到月底该饿肚子了。”

丈夫不以为然坚持要买。

妻子只好妥协，“那你买一个就好，我不饿，不吃了。”

丈夫突然发起脾气，跺着脚说：“你为什么不吃？我一个人怎么吃得下？你的意思是嫌我穷？”

妻子气得哭了起来。

有了孩子以后，妻子的收入渐渐增多，这使得丈夫变得越来越敏感。他认为妻子写的那些小说不过是讲故事，一点儿深度都没有，经常气冲冲地挖苦道：“你以后会陷在俗气中再也跳不出来！”

可是他自己呢，不光在写作方面毫无建树，而且渐渐迷上了打牌，经常深更半夜不回家。

妻子规劝几句，他就理直气壮地吼道：“别以为你现在赚几个臭稿费就了不起，如果不是我要上班养活你，现在早就是大作家了！都是你害了我！你谋杀了我的写作生命！我不愿意回家，就是不想面对你！”妻子惊呆了，一边哭，一边抱起儿子冲出家门。

丈夫赶紧拦住妻子，语气在一瞬间也变了，“不许走，吵架时说的话你怎么能当真？你们母子是我的整个世界。我什么都没有，连写作都没有，你们两个也要遗弃我吗？”妻子无奈地哭倒在他的怀里。

可是这个善变的丈夫并没有改掉自己的任性妄为。当妻子的小说出版以后，丈夫竟然在某家报纸的副刊上发表了一篇攻击妻子的文章，文中杜撰了很多事情，将妻子狠狠地骂了一番。

妻子伤心欲绝，怎么也想不到丈夫竟会做出这种事情。一场婚姻终于走到了尽头，两个人很快办理了离婚手续。

像这样的男人在心理上不成熟，也无法强大起来去照顾家庭与妻儿。他用任性葬送了爱情，其实也意味着自己正在被爱情抛弃。

1923 年秋天，加拿大人诺尔曼·白求恩到英国爱丁堡参加外科医学会的考试。他在那里结识了美丽的法兰希丝，并对这个女孩一见钟情，之后就展开了热烈的追求。法兰希丝也很喜欢这位博学多才的小伙子，答应了他的求婚。考试完毕，两人就结了婚。

度完蜜月，为了解决经济上的困难，白求恩夫妇在美国底特律租下一套小公寓，开始挂牌行医。前来看病的人越来越多，白求恩日夜出诊，休息时间很少，导致身体积劳成疾，得了肺结核。

在当时，肺结核是不治之症，而且很容易传染，并且都没有专用药。为了不将病传染给法兰希丝，不让她经历丈夫死亡的痛苦，白求恩坚决要与法兰希丝离婚。

1927 年春天，离婚判决下来了，白求恩怅然若失，时时回忆起以前两人共度的甜蜜时光。在疗养院里，他积极寻找治疗肺结核的方法，并在自己身上试验“人工气胸法”，最后试验成功，他的病竟然痊愈了！

之后，白求恩被派到麦吉尔大学任教，开始了新生活。工作之余，他给法兰希丝写信，在信中倾吐了自己对她的思念。很快，两人再次结婚了。

白求恩一心忙着工作，法兰希丝时常受到冷落，她不肯尝试着去理解丈夫，渐渐地，整个人变得郁郁寡欢。白求恩挤不出更多的时间陪伴妻子，两个人就这样任性地僵持着，彼此之间的隔阂越来越大。

一天早上，法兰希丝嘱咐白求恩下午回家时捎些肉回来做晚餐。

法兰希丝下午到家时，看到白求恩坐在地板上研究一个骷髅模型，于是问："买肉了吗？"

白求恩点点头，说在冰箱里。

法兰希丝打开冰箱，只看到一根放在玻璃容器里的肠子，顿时怒火中烧。"你就买了这根破肠子？"

白求恩一愣，赶紧说："千万别动，那是一根人肠子，我用来做实验的。"

法兰希丝吓得当场尖叫起来。

对女人来说，没有共同的生活情趣等于没有了未来的希望，第二天，法兰希丝就向白求恩提出了离婚的要求。

白求恩听了大发雷霆，但转而又认为自己没有权力阻止法兰希丝追求幸福。反复的纠结令他痛苦不堪，更令他变得狂躁易怒。这样的婚姻如何延续下去？即使有千般不舍，白求恩最后还是答应离婚了。

其实，每一个恋人都不是想象中的那么坚强，每一段爱情也并不一定越挫越勇，它需要相互理解和包容，需要两个人用心去经营。就算对方再爱你，也不能用发脾气来考验爱情。一次任性有可能引发争吵，一次争吵就会增加一道裂痕，当争吵频频发生，裂痕重重叠叠，再美好的感情又怎么可能完好如初?

爱情是个易碎品，经受不起一次次的敲击，别用任性去考验它的硬度，别把这颗带着璀璨光华的宝石变成一地碎渣。

相爱的人不要轻易宣战

有时候，恋人之间会为一些大大小小的事儿发生争吵，究其根源，争吵的原因往往缘于某一方过于认真。为了美好的恋情，不妨戴上耳塞吧，充耳不闻可能是最佳选择。

作为美国最高法院的大法官，露丝·贝德不仅拥有超人的才干，还拥有美丽的容颜。回望她的婚姻生活，不难看出这是一个智慧型的伴侣。

露丝与男友恋爱四年后，终于决定携手步入婚姻殿堂了。举行婚礼的那天早上，露丝怀着激动的心情在楼上做着准备。这时候，婆婆走进来，郑重地把一个小纸盒放到露丝的手里说："我现在要'交'给你一个忠告，这也是我婆婆当初'交'给我的，在今后的生活里你一定用得着。这个忠告就是：必须要记住，在每段幸福美好的婚姻中，都有一些需要充耳不闻的话语。"

露丝打开小盒子，里面装着一对软胶质耳塞。她觉得有些困惑，不明白婆婆送耳塞是什么意思，不过还是小心地把盒子收了起来。过了一段时间，露丝与丈夫发生第一次争吵，她突然想起婆婆送的耳塞，顿时明白了老人的良苦用心。

婆婆在用一生的经历告诉露丝，家庭生活中难免会有些冲突，生气的时候通常会说出一些未经大脑思考的狠话。如果对方同样愤然反驳，只能激化矛盾。化解冲突最好的办法就是充耳不闻，全当没有听到。

从那以后，露丝总是用这个办法来化解家庭矛盾，经营幸福美好的婚姻生活。后来，她发现这个办法也适用于工作中，可以淡化同事过激的抱怨，让自己心情轻松愉悦。露丝不时告诫自己："愤怒、抱怨、争吵等不良情绪对相爱的两个人都是无益的。出现矛盾的时候不要轻易宣战，就算对方宣战，自己也不能迎战，要暂时'关闭'自己的耳朵。"

相爱的人决心在一起生活的时候，如果没有什么意外，自然会相守一生。婚姻中，两个人要面对的绝不仅仅是柴米油盐等一些鸡毛蒜皮的小事，如果遇到精神出轨之类的大事怎么办？我们要坚守一个原则：婚姻里遇到任何事情都是对感情的考验，只要不触及底线，哪一方都不要轻易宣战。

英国著名军事家、政治家路易斯·蒙巴顿与妻子埃德温娜·安夏理是一对令人羡慕的伉俪，家庭生活一直十分和睦。埃德温娜不仅出身好、外貌好，而且头脑聪颖，具有很好的社交能力。

第二次世界大战期间，蒙巴顿在前线奋勇作战，埃德温娜主管伤病医院和红十字会机构。1945 年 9 月，蒙巴顿代表盟国接受 600 多万日军的投降，埃德温娜则负责 12 万盟军战俘的遣返工作……夫妇俩夫唱妇随，相互扶持，生活别提有多么美满了。

蒙巴顿在出任东南亚盟军统帅时，曾在新加坡会见过印度著名政治家尼赫鲁，当时夫人埃德温娜也在座作陪。后来尼赫鲁成为印度总理，与蒙巴顿夫妇来往更加频繁。只是后来没想到原本朋友间的真诚交往却演变为一场情感变故。1948 年，尼赫鲁在陪同蒙巴顿夫妇前往乡间度假时，与埃德温娜产生了感情。

面对妻子和友人的暧昧，蒙巴顿并没有气急败坏地对妻子宣战。他相信他们的关系只是一种限于精神层面上的爱慕，于是并没有对妻子的“越轨行为”加以干涉。甚至他还有点儿庆幸，因为妻子的脾气比往常更亲切温顺，给家庭生活带来从未有过的另一种快乐。

在丈夫面前，埃德温娜也从不掩饰对尼赫鲁的好感。1952 年，她写信给蒙巴顿，请求他代为保管尼赫鲁多年来写给自己的私人信件。她在信中说：“你知道我与尼赫鲁之间存在着精神上的奇妙关系。毫不夸张地说，我与他之间相互理解的深度已达到人类互相之间所能达到的最大限度。但是因为我对你的爱慕与尊敬之情如此之深，所以宁可让你来保存这些信件。此话虽然听起来有些怪诞，但我想你会理解，我们的婚姻是崇高的，我对你的爱慕与奉献是持久的、至高无上的。”的确，蒙巴顿很理解埃德温娜，他从没有动摇或减弱过对妻子的爱，直到妻子去世。

像蒙巴顿夫妇之间的爱情并不常见，更多的恋人会因为眼里容不进一粒沙子而发生争吵。

据说美国民众举行示威活动时，警方事先要在集会地点准备足够的饮水点和流动厕所，以解决示威者的生理需要。因为有心理学研究表明，人在身体不适的时候很容易发生过激反应。当恋人莫名其妙发火的时候，千万不要急于应战，或是给对方下一个“不可理喻”的结论，应该先问问对方是不是身体不舒服，还是在外面遇到了什么不顺心的事情。

不过有时候，争吵也有利于恋人之间的沟通，但切记一定要就事论事，千万不能翻旧账，说一些刺激对方的话，或者无所不用其极地增强语言的杀伤力。那些在当时所说的气话并不代表彼此的真实想法，但它带来的伤害却具有持久性。毕竟两个人之间仍有感情，因为不愿意分手才会争吵，否则人家大可以收拾收拾直接走人。

友情是一件温暖的外套

爱因斯坦曾说："世间最美好的东西，莫过于有几个头脑和心地都很正直的朋友。"朋友之间的深厚情谊经得起岁月的磨砺和世事的考验，它就像一件温暖的外套，总能在寒冷的日子里为你抵御风霜，使你温暖一生。

中国古代的俞伯牙和钟子期可谓印证友情的绝佳范本。

俞伯牙是春秋时期弹琴弹得特别好的人，由于一直没有遇到知音，内心颇为孤独。有一天，过路的钟子期听到俞伯牙的琴声，忍不住感叹："浩浩乎志在高山！荡荡乎志在流水！"俞伯牙欣喜异常，从此与钟子期结为莫逆之交。后来，钟子期因病而死，俞伯牙悲叹自己失去知音，于是摔了心爱的琴，从此再不弹琴。

同样被后人津津乐道的还有北宋的范仲淹和王质。范仲淹因主张改革被贬官，离开京城时，那些平日与他称兄道弟的官员都对他避而远之，没有一个人敢去送行。王质当时抱病在家，闻讯后不顾家人的劝阻，将范仲淹送到城外。后来，有大臣斥责王质道："你是个贤者，为何堕落成朋党？"王质说："范先生才是天下贤者，我王质怎敢奢望与他结为朋党。如果真能与他结为朋党，当属范先生厚待我！"

有友如斯，此生当幸！王质的寥寥数语足以慰藉范仲淹远行中的万般辛苦吧。

确实，友情从不屑于与谎言、金钱、虚浮的声望为伍，它可能在你春风得意时销声匿迹，但在你陷入低谷时总会及时出现，陪伴你走过一段黑暗的日子。

友情能给人带来无限的支持和力量，身为全职妈妈的希格就深切感受到了这一点。

生了第三个孩子以后，希格变得烦躁不安。最小的宝宝每天需要喂好几次奶，一岁半的老二夜里不睡总是哭，四岁的老大精力旺盛，想让他安静地坐一会儿都难。希格觉得自己要被孩子们折磨得精神崩溃了，长期睡眠不足令她时刻处于紧张状态。她开始怀疑自己的能力，无法用正常的心态看待周围的一切，甚至认为自己是低能。连几个孩子都照顾不明白，还能做成什么事情？

一天，希格收到女友海伦从另一座城市寄来的礼物。打开盒子一看，里面是一件精美的瓷器，上面贴着一个标签："希格的自信罐，需要时使用。"罐子里面装着几十个浅蓝色的小纸卷。

希格好奇地打开一个小纸卷，上面写着："仁慈的上帝送给我一个珍贵的闺蜜，她的名字叫希格。"

希格的心一热，眼泪差点儿涌出来。她迫不及待地又打开一个小纸卷，上面写着："我欣赏希格做事的执着。"

希格坐在椅子上，打开一个个小纸卷，上面都是赞美自己的话："希格有宽广的胸怀。""我相信你能做好任何想做的事情。""你是我最愿意一起逛街的那个人。""真希望能离你住得近些再近些。""你总是那么认真，那么任劳任怨。"

希格再也控制不住自己的情绪，忍不住流下了眼泪。她心里想：亲爱的海伦实在是太贴心了！

接着，希格发现罐子底下还有一封信，她赶紧拆开来看，上面写着："亲爱的希格，我给你提两个建议。一是当你完成一件自己想做的事情，或得到别人的称赞与肯定时，就像我这样写一张小纸条，卷成纸卷放进罐子里；二是当你遇到困难和挫折，或者灰心丧气的时候，就从罐里拿出几个小纸卷看看……"

希格的心里暖融融的，她深深地感觉到自己正被别人关心，这是一件多么美好的事啊。从那以后，她把"自信罐"摆在最醒目的地方，每次遇到压力的时候就会摸摸它。

不知不觉十多年过去了，希格当上了幼儿园园长，很多家长都愿意将孩子送到希格这里来，因为这位园长的自信能激发孩子们的自信，每个进入这间幼儿园的孩子都有一个"自信罐"。

能够拥有一段珍贵的友情，无疑是希格的幸运。这份温暖的情谊不但鼓励希格走出了低潮期，还让她慢慢拾起自信，重新树立了生活的信心。不过友情同时又是一种脆弱的情感，它需要彼此之间的用心经营，稍有不慎，也会引发朋友间的误会。

伟大的思想家马克思和恩格斯是好朋友，他们平时相互关心，不在一起时也总是保持密切的书信联系。

1863年1月7日，恩格斯的妻子玛丽因心脏病突然去世。陷入悲痛的恩格斯写信将这个消息告诉了马克思，他在信中说："我无法向你言说自己此刻的心情，这个可怜的姑娘一向全身心地爱着我！"

很快，恩格斯收到了好友的回信，信中对于玛丽去世的噩耗只有一句平淡的慰问言语，其余都是关于马克思自家的一大堆困境：肉店和面包店不再赊账给他，房租和孩子的学费压得他喘不过气，孩子缺少鞋和衣服……恩格斯觉得非常生气，难道这就是好朋友？在自己悲痛万分需要安慰的时候，对方却说了一大堆不合时宜的话。

恩格斯没有像以往那样立即回信，而是几天后才复信说："你在我悲痛的时候所表现出的冷漠实在超出我的预料……如果你认为现在正是表现你冷静思维方式的卓越时机，那就听便吧！"

马克思接到信以后，没有立即回信为自己辩护，而是先深刻地做了自我批评，等双方都平静下来后才回信做出解释，并向恩格斯郑重道歉。

在给马克思的回信中，恩格斯表示了谅解："你的上一封信的确给我造成不好的印象，久久在我脑际盘旋，无法忘记。不过不要紧，你的回信已经消除了那些印象，令我感到高兴的是，我没有在失去玛丽的同时再失去自己最好的朋友。"恩格斯还随信寄去了一张100英镑的期票，用来帮助马克思度过困境。

感情的世界微妙而复杂，总会派生出很多不同的情愫。人们说，爱情受到时间和环境的限定，亲情由家族和血统维系，而友情则有着延续的方向和轨迹。友情完全靠你的人品和性情经营，一旦出现裂痕，又有多少机会能够弥补呢？马克思和恩格斯是幸运的，你和朋友也会是幸运的吗？在与朋友相处时，伤害往往是无心的，帮助却是真心的，忘记那些无心的伤害，铭记那些真心的帮助，你就会发现朋友越来越多，友情越来越长。

拥有一颗无私的爱心，便拥有了一切

生命中有一种强大的力量，有时甚至可以和命运抗衡，这力量就是爱心。怀有一颗爱心，能够催生更多的善行，而善行带来的往往是丰厚的回报。

荷兰有一个小渔村，全村人都以捕鱼为生。为了应付各种突发的海难，村民们自发组织了一个紧急救援队。大海总是瞬息万变，危机四伏。在一个漆黑的夜晚，天空中乌云翻滚，海面上狂风怒吼，巨浪掀翻了一条渔船，船员们急忙发出求救信号。

救援队长火速召集紧急救援队的成员，一行人乘着划艇毫不犹豫地冲入汹涌的海浪中。提心吊胆的村民们聚集在海边，举着提灯，盯着海浪翻腾的海面，为救援队照亮回来的方向。

1 小时过去了，救援队的划艇终于出现在大家的视线中。村民们喜出望外，上前迎接勇士的归来。救援队长冷静地清点人数，发现竟然少了一个人。刚才还欢欣鼓舞的人群瞬间鸦雀无声，气氛霎时变得凝重。

救援队长赶紧组织另一批自愿救援者，前去搭救被漏掉的那个人。汉斯上前毛遂自荐，母亲拉住他，颤抖地劝阻道：“汉斯，你才16岁！10年前你父亲在海难中丧生，几天前你哥哥保罗也出了海，直到现在仍然一点儿消息都没有。汉斯，现在你是我唯一的希望，求求你千万不要去！”

看着母亲近乎乞求的眼神，汉斯强忍眼泪，握着她的手说：“母亲，不用担心我，我保证自己一定平平安安地回来。母亲，如果我们每个人都说不能去而让别人去，那么情况会怎样？紧急救援队的成立还有什么意义？”说完，汉斯张开双臂，给了母亲一个紧紧的拥抱，然后义无反顾地登上划艇，消失在波涛汹涌的大海中。

母亲睁大双眼，目不转睛地望着漆黑的海面。10分钟，20分钟，30分钟……整整1小时过去了，对于这位母亲来讲，等待的每一分钟都是煎熬，时间真是太漫长了！

终于，划艇再次冲破黑暗，出现在大家的视线中。救援队长高声问：“你们找到人了吗？”汉斯站在船头上，兴奋地回答说：“队长，我们找到了！请您告诉我的母亲，我还找到了我的哥哥保罗！”

怀有一颗无私的爱心本已令人尊敬，若再增添舍己为人的勇气，上天将何以为报？也许母亲的笑容是对汉斯最好的回报。他不仅救回了落难之人，还找回了失踪的哥哥，这对母亲来说，该是多大的欢喜和慰藉！帮助别人获得所需要的东西，自己也因此得到了意外的收获，汉斯的心里充溢着幸福和满足。他的故事告诉人们：帮助别人越多，得到的越多；心底越是无私，回报越是慷慨。

另一个发生在雨夜的故事也在印证着这个道理。一个暴风雨的夜里，一对老夫妇走进旅馆大厅，要求订房。前台侍者礼貌地说:“很抱歉，我们旅馆已经被参加会议的团体住满，一间空房都没有。”但当他看到对方疲惫失望的表情后，又于心不忍，于是说道:“让我来想想办法。”

老夫妇被带到一个房间里，侍者说:“如果你们不嫌弃，可以在这个房间住一晚，虽然跟套房没法比，但好在很干净。”老夫妇很高兴地道了谢。

第二天上午，老夫妇到前台结账时，侍者微笑着说:“不用了，我只不过是把自己的房间借给你们住了一晚，希望你们旅途愉快！”

两位老人十分感动，非要给侍者一些报酬，但侍者拒绝了。老先生临走前说:“年轻人，你这样的员工是每个旅馆老板梦寐以求的，希望将来有一天能报答你。”侍者送两位老人出了门，接着忙起了工作，很快就将这件事忘了。

几年后，仍然在那个旅店上班的侍者接到老先生的一封信，里面附有一张去纽约的单程机票，说想高薪聘请他去纽约做另一份工作。侍者将信将疑地来到纽约，按照信中标明的路线到达了目的地。他的面前是一座金碧辉煌的大酒店，老先生正等着他。

原来老先生是大富豪威廉·渥道夫·爱斯特，他建起的这家大酒店正是著名的渥道夫·爱斯特莉亚饭店的前身，而他邀请的那位善良的侍者就是乔治·伯特，这家大酒店的首任经理。

能想象爱心的魔力有多大吗？乔治·伯特亲历了一个奇迹的发生。在把爱心化作善行的那个雨夜，他从来没有预想过对方的回报会如此巨大，甚至都没有一丝祈求回报的本意。对于这样一个满怀爱心又心无杂念的行善者来说，在认出老先生的那一刻，他可能才明白过来，原来一份简单的爱心能获取如此丰厚的馈赠！

只是爱心并非无故产生，它充分表现出良好的个人修养与为人处世的态度。如果缺少这一根本因素，爱心不会从心底油然而生，更不会促使人们去助人为乐。

在一次火灾中，消防员从废墟中救出一对孪生兄弟波恩和嘉林。虽然兄弟俩死里逃生，但大火将他们烧得面目全非，看到他们的人无不为之惋惜。

哥哥波恩成天唉声叹气，他对生活彻底失去信心，失去了活下去的勇气，时常自暴自弃地说："与其这样活着，令人一见就生厌，还不如死了！"

弟弟嘉林努力地劝慰："只有我们在火灾中获救，所以更应该珍惜生命。"

可是波恩根本听不进去，在出院后的某一天，他偷偷服下50片安眠药，离开了人世。

哥哥去世后，弟弟嘉林含着眼泪找到了一份司机的工作，坚强地生活着。

一个雨天，嘉林像往常一样开车去加利福尼亚州送货，路很滑，他开得很慢。经过一道拐弯时，他发现前面桥上站着一个人。嘉林的直觉告诉他有事要发生，于是赶紧急刹车。车子顺势滑进路边的一条小沟。嘉林顾不上车，打开车门向那个人跑过去。

扑通一声，桥上的人突然跳进河里。嘉林赶紧跟着跳下河，将那人救了上来。没等嘉林问清缘由，那人趁嘉林不注意，又跳下河。这样一连折腾了三次，嘉林反复下水救人，连自己都差点儿被河水吞没。对方终于不再折腾，坐在岸边痛哭了起来。

让嘉林意外的是，跳河的年轻人竟然是一位亿万富翁。他为了报答嘉林，诚恳地邀请救命恩人和自己一起做起生意。几年后，嘉林成为一个运输公司的老板，不但拥有 3.2 亿资产，还做了整容手术，基本恢复了原先的容貌。

两种不同的处世心态决定了两兄弟的两种人生，一个郁郁而终，另一个收获巨大的财富和正常人的生活。在这个故事里，若说性格注定了心态，那么爱心便扭转了人生轨迹，让原本受限的未来展现出美好的前景。要是像波恩一样，每天增加一点儿怨念，除了让自己的人生变得更灰暗，还能有什么益处？多怀有一些爱心吧，拥有它，等于拥有一个超乎想象的未来。

人总是对陌生人很客气，而对亲密的人太苛刻

亦舒曾说：“人们日常所犯最大的错误，是对陌生人太客气，而对亲密的人太苛刻，把这个习惯改过来天下太平。”不幸的是，很多人都忽视了这个简单的道理，浑然不觉地继续犯着同样的错误。

有个小女孩由于考试成绩不好，被妈妈批评了几句，赌气离家出走，可是又不知道去哪儿，干脆跑进了公园。到了中午，小女孩饥肠辘辘，看到公园门口有位老奶奶在卖馄饨，摸摸口袋里空空如也，只好眼馋地盯着馄饨摊。

老奶奶注意到了小女孩，盛了一碗馄饨递过去。小女孩一阵狼吞虎咽，很快就将一碗馄饨吃了个干干净净。

小女孩感动地说：“谢谢奶奶，奶奶您太好了，比我妈妈要好太多太多了。”

老奶奶说：“傻孩子，别这样说你妈妈。她十月怀胎冒着

生命危险把你生出来，没日没夜地照顾你，又辛辛苦苦赚钱供你上学。我只不过才给了你一碗馄饨而已，哪能和你妈妈比呢？”

听了老奶奶的话，小女孩羞愧极了，她赶紧告别老奶奶，跑回家去找妈妈了。

一个孩子能有如此表现，可以归结为心智尚未成熟，但在成年人群体里依然存在许多此类行为。对待朋友、同事甚至是陌生人，他们通常彬彬有礼，举止得当，对待爱人、孩子、父母却不讲礼数，丝毫不懂得礼貌和尊重。

一对老夫妻育有两儿两女，儿女们家境富裕，每个月都会给两位奉上不菲的赡养费。由于担心二老身边无人照料，儿女们打算把老人接回家里各自照顾一段时间，可是两位老人说自己和年轻人的很多生活习惯不一样，还是分开住比较自在。

有一天，一群老人聚在一块儿聊天，这对老夫妻才说出了不和孩子们一起住的根本原因。儿女们对待他们就像老师对待犯错的学生一样，时不时地总会用训斥的口吻说话，比如“怎么还不洗澡？衣服领子都脏成什么样了。”“睡觉前一定要刷牙，张嘴都是味儿。”“别吃甜食，容易引起三高。”“快把烟掐了，抽烟等于慢性自杀，不知道吗？”

虽然明白孩子们是为了他们好，但是那种训斥的口吻还是让老夫妻觉得很不舒服，当然也就不愿意和儿女们同住。哪怕吃得差一点儿，住得差一点儿，也要图个心情舒畅，安然自在。

那些儿女们至今可能还不知道，他们对父母不少金钱，不少关爱，唯独失去了尊重和耐心。

当儿女们还在襁褓之中，父母每天把屎把尿，有一丁点儿不耐烦吗？当儿女们蹒跚学步，父母会嫌他们走得太慢吗？当儿女们滚得满身泥水，父母会嫌他们太脏吗？别忘了父母再老也有自尊，他们过了大半辈子，经历过无数世事波折，进入人生暮年后并不怎么看重生活是否富足，除了健康的身体，更希望拥有一个快乐祥和的晚年。儿女们用不礼貌的方式粗暴地介入老人的生活，老人自然会远远躲开。

其实像这样的家庭，这样的儿女，在我们身边还有很多。这些人在日常行为中忽略对家人的尊重、礼貌和耐心，根本不在意家人是否会因此受到伤害。而且这种习惯和行为不只发生在父母和子女之间，夫妻之间也不少见。

有一对小夫妻新婚不久便开始闹离婚，离婚的原因据说是“性格不合”。性格不合？早干什么去了？恋爱期间不就是在磨合性格吗？好心的朋友不愿意看到一桩婚姻就此拆散，经过逐一打听才明白，两人在婚前婚后对对方的的态度大有不同。

结婚前，男孩天天接送女孩上下班，时不时约女孩出去吃饭。女孩吃个苹果，男孩会洗干净去皮，再切成小块插上牙签送到女孩嘴边。女孩从来不知道手机充电器放在哪儿，但手机始终电量满格。遇到女孩生日的时候，男孩把以前的QQ聊天记录打印出来装订成册，做成一份精美的生日礼物。女孩呢？漂亮可人，温柔体贴，说话声音软糯动听，更是有一手好厨艺，逢年过节还不忘给未来公婆送上大礼。

结婚后不久，两人对对方的态度来了个翻天覆地的大转变。

男孩嫌女孩太黏人，天天电话微信不断，还时常偷看自己的手机，以前的温言软语变成了现在的河东狮吼。公司的女领导要给自己升职加薪，请领导吃顿饭是情理之中，她怎么能说自己想出轨?

女孩更有话说，以前说我做的饭好吃，现在不是抱怨菜咸了，就是饭太硬；以前天天跟我有说不完的话，现在一回家就抱着手机划不停，对我说的话充耳不闻，像是得了自闭症，他肯定爱上手机里的哪个姑娘，我一定要和他离婚!

这对小夫妻在婚姻中遭遇的问题是许多家庭都会遭遇的。为什么有些人在婚前婚后会判若两人?

也许在他们的潜意识里，婚前多多少少需要保持一点儿礼貌或矜持，但婚后成为一家人，就认为礼貌和矜持会显得多余，双方性格里糟糕的一面就暴露了出来。

同样的道理，有些人对亲密的人的言行举止会比对陌生人更苛刻。这是因为在陌生人面前，很多人都会隐藏自己的性格缺陷，在亲密的人面前却会毫无克制地暴露无遗。他们知道亲密的人永远会包容自己，也因此会把在外面受到的委屈和承受的压力发泄在亲密的人身上。有些人甚至还会对亲密的人恶语相向，给对方造成不小的心理伤害。当然也存在另一种可能，那就是对陌生人充满畏惧故而忍气吞声，对亲密的人毫无忌惮，从而变得恣意妄为。

不管是出于哪一种原因，请记住，亲情、友情和爱情都是需要维护的易碎品，它们一旦出现裂痕，再要恢复原貌就不是那么容易了。对生命中每一个最亲密的人，我们要保持应有的尊重和礼貌，这不仅是高情商的表现，也是正确的处世法则。

常牵父母出去走一走，就像小时候他们牵着你一样

小乌鸦慢慢长大，当老乌鸦年老体衰，再也不能出去觅食时，小乌鸦会衔回来食物，嘴对嘴地喂给老乌鸦。小羊羔在吃奶的时候，总是把前肢跪下来，像是在感念母亲的养育之恩。禽兽尚能这样做到孝养父母，人会怎么做？孝字当前，浮现出众生百态。

包拯是中国历史上一位著名的清官，而且是个出了名的孝子。28 岁那年，他考中了进士，先是担任大理寺评事，后来又出任建昌知县。建昌与家乡远隔重山，年老的父母不愿意跟着儿子背井离乡，于是包拯辞去了官职，回家照顾父母。直到父母相继辞世以后，包拯方才重新踏入仕途。

把时间快速推近到当前，聚焦至另一位知名人物任正非身上。他是华为公司的创始人及总裁，每当谈及父母，这位迈入高龄的企业家仍然情之切切。

任正非的父母一共生养了7个女子，全家9口人全靠夫妻两人的微薄工资生活，再没有其他收入来源。在三年自然灾害时期，这个贫困的家庭经历了一段非常艰难的日子。儿女们一天天长大，年年用在教育上的开支都很大，每个学期每人要交两三元钱的学费。在饥荒连年的当时，那可是一笔不小的负担！为了填饱肚子和筹集学费，母亲到处借钱，可是常常走了几家后仍旧空手而回。

上高中的时期，任正非到了夏天还穿着厚厚的外衣，不敢跟家里要一件衬衣。他知道如果自己有了衬衣，弟妹们的生活将更加艰难。那时候，家里的兄弟姐妹们别说有一件新衣服，连被子都是两三个人一起合用。由于缺少布料，破旧的床单下面只铺着一层厚厚的稻草。

在临近高考的时候，母亲经常会在早上偷偷塞给任正非一个小小的玉米饼子。一个玉米饼子搁在现在算不了什么，但在当时那个粮食匮乏的年代无异于珍宝。任正非知道，金黄的玉米饼子是从一家人嘴里省下的粮食，没有它的支撑，自己能否踏入大学还是个未知数。

上大学时，任正非要从家里带走一床被子。这样一来，家里的被子就更不够用了。有了被子没有床单怎么办？母亲捡回毕业生丢弃的几床破被单，洗干净了再缝缝补补，让儿子带到大学去。一床旧被子和一些碎布拼成的旧床单陪他度过了五年的大学生活。

若干年过去，当儿女都已成家，家庭经济条件渐渐好转后，父母头上的白发也一天比一天多。一天早晨，年迈的母亲刚从菜市场出来，却被一辆汽车撞成了重伤。任正非当时正在国外出差，听到消息后立刻订了当天的机票，辗转几日赶回家里。但他仅仅来得及看了母亲最后一眼，母亲便溘然离世。

后来，每当任正非说起父母，心中都会充满愧意。就像他在一篇文章中所说的，“回顾我自己已走过的历史，唯一有愧的是对不起父母，没条件时没有照顾他们，有条件时也没有照顾他们。”

当父母年轻时，他们用双肩为子女撑起了一片天。当他们慢慢老去，子女要承担起赡养父母的责任。就像乌鸦反哺、羔羊跪乳一样，殷殷切切地报答父母的养育之恩。只是事实往往与道理相悖，任何一个年代总会出现一些不孝子孙。

有一位老裁缝太老了，他白发苍苍，老眼昏花，双手抖得缝不了一块布，根本没法做活儿。忙碌了一辈子，老裁缝倾尽一生的积蓄，把三个儿子抚养成人，又为他们组建起小家庭。现在，儿子们都忙于自己的生活，每周只回来和父亲吃一顿饭。

老裁缝的身体一天比一天虚弱，儿子来看望他的次数却越来越少。他想：孩子们是害怕我变成累赘啊。老裁缝琢磨了一天，想出了一个办法。第二天一早，他让木匠做了一口小箱子，往箱子里装满碎玻璃，然后紧紧地锁住，放在饭桌下面。

当儿子们再过来吃饭的时候，老裁缝故意把箱子踢得哗哗响。儿子们低头一瞧，惊奇地问父亲箱子里是什么，他说：“没什么，是我平时省下的一点儿东西。”

吃完了饭，儿子们聚在一起，挨个儿踢了踢箱子，听着里面的声音，互相咬起了耳朵：“说不定是爹这些年来攒下的钱呢。”

经过一番讨论，儿子们认为应该保护这笔神秘的“财产”，于是决定轮流照顾父亲。第一周，老大搬进老裁缝的房子里给父亲做饭、洗涮，接下来是老二和老三，三个儿子很有默契地这样照顾了老裁缝一段时间。

半年以后，老裁缝去世了。办完了葬礼，儿子们翻箱倒柜地找箱子的钥匙。钥匙终于找着了，他们打开箱子后，看到的当然是一箱碎玻璃。

大儿子一脸沮丧，“太狡猾了！怎么能对自己的孩子做出这种事情？”

老二伤心了，“你以为爹还能怎么做？人要讲良心。如果不是为了这个箱子，直到他去世我们也不会陪他住。”

老三的眼泪哗地流下来，“我真为自己感到羞愧，是我们逼得父亲不得不做出这种欺骗行为啊。”

两个弟弟的话并没有打动老大，他把箱里的碎玻璃哗啦一下全部倒掉，想看看里面有没有藏着值钱的东西。倒完碎玻璃，箱子底部赫然刻着“孝敬父母”四个字。三个儿子面面相觑，无言以对。

“古圣先贤孝为宗，万善之门孝为基。”想一想父母恩德如山，身为子女怎能不孝敬父母？难道还比不上一只反哺的小乌鸦、一只跪乳的小羊羔吗？

如今年轻人的生活压力的确大，面对高额的房贷、车贷，紧张的工作节奏，很多小夫妻都觉得生活非常吃力，一心为了更好的生活去拼事业，却把父母放在一个无足轻重的地位上，给予的关心非常有限。这个时候，恐怕他们可能已经淡忘了父母的养育之恩吧。

如果你也曾忽略过父母，不妨静下心来想一想，在往日的岁月里，父母为自己付出了多少心血？上小学时吵着闹着要买电子琴，父母省吃俭用，花了几个月的工资买回电子琴，孩子乒乒乓乓弹几下就再也不弹了；上中学时，如果考得不错，孩子会理直气壮地向父母索要物质奖励；上大学时，孩子又会拿着父母的钱满足自己的种种虚荣心；结婚以后，小夫妻忙着应付领导、同事和朋友，往往把父母冷落在一旁；有时为了应酬，一个电话就让父母准备了一天的饭菜无人品尝；等到有了自己的孩子，年轻的父母忙得团团转，更无暇顾及自己的父母……

父母的余生还有多少年？他们没有多少时间可以陪你走接下来的人生路了。如果父母絮絮叨叨，请别不耐烦，想一想自己呀呀学语时的情形；如果父母把饭菜洒在衣服上，请别挑剔，想一想他们以前怎样耐心地教你吃饭。父母老了，他们的目光依然温暖如烛，在仍然可以陪伴他们的日子里，经常牵着父母出去走一走吧，就像小时候他们牵着你一样，慢慢地走，慢慢地老。

Part 04

身在职场，你是最佳状态吗

战场上，

全副武装的战士远比手无寸铁的战士要拥有更多博取胜利的机会。

职场上，

谁又乐意成为一个可有可无的小角色？

保持最佳状态，

才有可能成为无人替代的精英。

把心放低，从小事做起 

生活中，很多人都曾经做过“理想的巨人，行动的矮子”，把自己的目标定得太美好，然而却缺乏从点滴做起的行动力和韧性，最终只能在空想中度过一年又一年，然后感慨韶光易逝，人生一无所获。实际上，没有谁能够一口吃成个胖子，没有学会走的时候，又怎么可能奔跑呢？不管有多么宏伟的理想，只有先把心放低，从点滴的小事做起，才能一步步积累，达成所愿。

美国福特汽车公司相信每个人都不陌生，实际上，其创始人的名字就叫作福特。当年，他只是一个其貌不扬的大学毕业生，每天翻看报纸上的招聘信息，希望找到一份能够解决温饱的工作。

一天，福特来到一家汽车公司面试。在办公室外等待的时候，他的内心几乎就要放弃了，因为和他一起来竞争这个岗位的几个人都比他学历高，而且侃侃而谈，一副志在必得的样子。

终于轮到福特面试，他抱着一种已经没有希望的心态走进了办公室。刚踏进门口，他就踩到了地上的一张纸。福特没有多想，弯下腰捡起了这张布满脚印的废纸，顺手仍在了旁边的废纸篓里。然后他坐了下来，面对面试官，不慌不忙地介绍自己，并递上了履历。

没想到面试官连看都没看一眼那份履历表，就微笑着对他说：“恭喜你，福特先生，你已经被我们公司聘用了。”

福特完全无法相信自己所听到的，他一脸茫然地看着面试官，问道：“可是您还什么都没有问我，而且在我前面面试的那几位学历都比我高，这是为什么呢？”

面试官说道：“很简单，前面进来的那几位的确学历很高，而且侃侃而谈，对于这份工作和公司未来的发展方向都有自己的见地，可是这样仪表堂堂的人却忽略了身边的细节，只有你一个人在进门的时候顺手捡起了地上的那张废纸。我虽然没有向你提问，但我相信，能看见小事的人，一定能够看见大事。相反，那些一开始就只遥望大事的人，往往容易忽略很多小事，所以我选择录用你。”

福特就这样进入了这家汽车公司工作。面试官的眼光没有错，多年之后，这个公司名扬天下，并在福特的带领下正式更名为福特公司。福特带动了整个美国的汽车行业，也相应地改变了这个国家的经济状况。

假设当时的福特也和其他人一样，对地上那张废纸视而不见，他未必会获得这份工作，当然，也不知道后来的发展会怎样。不过这只是假设，事实是他在细节方面胜出了，获得了一份工作，并且在今后的生涯中不断努力，才有了后来的成就。

中国有句古语“一屋不扫何以扫天下”，空有宏图大志，却连身边的点滴小事都不愿意认真对待，又怎能有积淀和能力去完成大事？每个人的成功都需要无数的小事来积累，从一点一滴中不断地充实自己，总结经验，才能在机会来时紧紧抓住机会，否则很可能连抓住机会的能力也没有。

说起台塑大王王永庆，相信很多人都知道他。在羡慕他的成就和多金之外，也许我们并不知道他的成功之路一样充满艰辛。

王永庆年少时家境贫困，他 16 岁就离开家乡去讨生活，在嘉义开了一家小小的米店。当时的嘉义城中已经有很多家米店，而且都有自己固定的客户。王永庆资金少，只能把铺面租在背街背巷的地方，再加上人生地不熟，他的店根本没有什么生意。

两个月下来，王永庆入不敷出，米店快要支撑不下去了。于是他改变方式，开始背着米挨家挨户去推销。可是这样也没有取得多好的效果，因为大部分人都习惯了经常去买的那一家，对于这种新出现的小贩很难接受，何况王永庆的米并没有任何优势。

走投无路的王永庆开始静下心来认真思考出路，他悟出一个道理，与其每天都在想怎样去卖米挣钱周转，然后发达，不如把心放低，从最基本的做起，从每一粒米做起，如果能让自己的米比别人的更好，那么即便不上门推销，也会有人争着来买。

那个时候的台湾，稻米收割和加工的技术还很落后，因此不管谁家卖的米，里面都会掺杂着很多小石头和杂物。每家每户在做饭前都要花很多时间去筛捡这些东西，但也无法完全筛捡干净，吃饭时硌到牙是常事，大家似乎都习以为常了。

王永庆却从这种习以为常的事中找到了切入点，他想：如果我不怕麻烦多做一些事情，别人就能省去很多麻烦。于是他带着弟弟们一起动手，每天很早起床，认真筛捡大米里面的杂物，随后再挑出去卖。

这下子，王永庆的米有了卖点。首先尝试向他购买大米的主妇们尝到了甜头，并为他打免费广告。这个消息在小镇上很快就传开了，大家都争着找王永庆买米。如此一来，王永庆不用再每天辛苦地背着米挨家推销了，他可以在自己的小铺子里坐等生意上门。

但是王永庆并没有就此满足和停顿。他意识到，自己能多花这点时间和心思，别人也能，好的状况并不会持续太久。除非自己将更多的细节做到位，才能长时间地留住这些客户。

他早就发现几乎每家负责买米的人都是女人或者老人，年轻男人都在外干活，根本无暇操心这些柴米油盐酱醋茶的事情。老人和女人出门一趟，往往要置办很多东西，但他们力气小，要扛着一大袋米走远路本就不易，更何况手上还要提其他东西呢。于是王永庆决定送货上门，免去各家老人、妇人的辛苦。在那个年代，还没有送货上门这项服务，王永庆等于是开了一个创举。

能够将大米亲自送到各家，已经让顾客们非常开心和感动了，但王永庆还是觉得做得不够，他将自己的服务更细致化。每把米送到一家，他会将米扛到这家人的米缸前，如果米缸里还有陈米，他便将陈米先倒出来，将米缸擦干净，然后倒入新米，再将陈米倒在最上面，这样防止陈米因为存放太久而变质。

王永庆还细心记下每一个客户家的米缸容量以及家里有几口人，在闲谈中了解每个人的饭量如何。这样，到了差不多的时候，无需客户通知，他便提前将米送到客户家，这样暖心的举动更是牢牢地拴住了客户。

就这样，王永庆的生意慢慢红火起来，他也积累了一定的资金，拓宽了铺面，并办起了碾米厂，一步一步做大做强。

没有谁是简简单单就成功的，然而综观成功的背后，我们会发现，其实做好那些小事并不难，更多在于你是否愿意去做。不要将平凡的事情看得不以为然，不要认为只有晦涩难解决的问题才能体现自身的能力。事实其实不然，真正能够证明自己的往往是那些小事情。

问题出在心理上，而不是能力

在物理学界，固体氦的热传导度早已经是一个确定的数据，即便外行人也多少有一些了解。不过在很多年前，这个数据仍然是业界悬而未决的秘密。

一位名叫福尔顿的物理学家一直致力于研究固体氦的热传导度，经过很多次失败的尝试，他终于找到一种新的测量方法，并且成功地测算出了固体氦的热传导度，但是当数据显示在他面前的时候，福尔顿反而有些不敢相信了，因为这个数字比运用传统理论测算出来的数字整整高出了500倍。福尔顿又反复用新方法算了很多次，结果和他第一次演算出来的一样，的确是一个“独特”的数字。

怎么办？从内心深处来讲，福尔顿是相信自己的演算结果的，但当好友鼓励他将这个结果公诸于世的时候，他却犹豫了。那么多人都在研究这个数据，为什么偏偏只有自己一个人算了出来？而且跟传统认知相差这么多。如果自己公布结果，必然会引起舆论哗然，到时候无数的矛头会指向自己，说自己标新立异，哗众取宠……

想到这些，福尔顿更加畏惧了，他是一个埋头做研究的人，真心承受不起“万众瞩目”的感觉，于是他选择了默不作声，忘记自己的这个研究结果，转而去关注其他课题。

不久之后，一个美国的年轻学生也用同样的方法测量出了固体氦的热传导度，得到的结果和福尔顿的一样。与福尔顿不同，这个年轻人马上公布了自己的测量结果，并且很自信地详细道出了自己研究出来的新的测算方法。

果然舆论哗然，但却没有如当时福尔顿想象的那么可怕，人们倾向于相信这个结果，并且由衷地佩服那个年轻人所做出的努力和贡献。年轻人名声大噪，获得了无数的荣誉和奖章，并且筹得了更多研究新项目的资金。

此时的福尔顿除了黯然神伤，还能做什么呢？姑且不论他是不是嫉妒，但胸中不平是肯定有的，毕竟这个数据他早在半年多前就已经演算出来了，如今光环荣誉却围绕在他人头上。可是年轻的美国人并非窃取了福尔顿的研究结果，他也是靠自己的努力和无数次失败尝试之后才获得成功的。机会面前人人平等，福尔顿只能怪当时自己太过懦弱，瞻前顾后，失去了为自己赢得荣誉的机会。

要论能力，福尔顿不是没有，他认真，努力，并且勤于思考和尝试。那么问题究竟出在哪里呢？没错，就出在心理上。说他不自信也好，说他太过小心翼翼也罢，总之一切都是他的“小心思”在作怪，内心的那个声音一直在使他泄气，提醒他“要谨慎，要考虑后果，到时候如果出现什么不好的结果，就没有后悔的余地了……”于是福尔顿最终的选择是沉默。

在我们的生活中，也都遇到过这样的情况。

上学的时候，老师提了一个比较难的问题，全班同学都没有人举手回答。你其实是知道答案的，只是不想做那只“出头鸟”，怕别人说你炫耀，说你与众人格格不入，所以保持沉默。

工作的时候，主管在会议上给了一个任务，虽然艰巨，但你内心相信自己还是可以做到的，然而其他同事默不作声，你也开始自我拷问：“真的要当这个出头鸟吗？万一其他人觉得我出风头，孤立我怎么办？主管不可能一直护着我，重要的还是要看同事之间的关系……”纠结再三，你也选择了默不作声，因为不想显得自己太独特。

可是这真的是最好的状态吗？如果你有能力，就要尽量去发挥自己的能力，做更多的、更有用的事情。而不是反复在心里嘀咕，害怕、担心、不自信，然后失掉了一次又一次的机会。说到底，让自己止步于此的并不是你的能力问题，而是你的心态问题。

1954 年是世界田径史上具有里程碑意义的一年，在此之前，人们绝不相信有人能在 4 分钟之内跑完 1.6 千米，因为无数数据显示，这根本就在人类的体能极限之外。然而有一个人却将这个“根本不可能”变成了现实。1954 年 5 月，一个名叫班尼斯特的英国人在牛津跑道上用 3 分 59.4 秒的时间打破了这个记录，接下来的时间里，又有好几位跑步健将都打破了这个记录。

让我们将目光转回到人类基因发展史上来看，这一年并没有发生什么特殊的事情，也就是说，并没有什么数据显示这一年因为一些基因的改变而产生了突破人类极限的变化。同样，也没有什么高科技能够辅助人类突破极限。

唯一的理由是，班尼斯特并不相信所谓“极限”的说法，他要试一试，拼尽全力地试一试。

后来的事实证明，并非只有班尼斯特一个人能够在 4 分钟内跑完 1.6 千米，其实很多人都能，之所以没有人在班尼斯特之前成功过，可能正是受困于所谓的理论和研究数据。

人们总以为很了解自己，其实很多时候我们最难以看清的就是自己。自己到底有多大的潜能，有多大的抗挫能力，不去试一试，还真不知道。将自己的能力埋没在所谓的规则和恐惧中，一辈子不去挖掘，那么你自己也无法知道“原来我这么厉害”。相反，放开自己的心，即便只是抱着试一试的态度去做，都会获得意想不到的收获。

掌控人生，首先要掌控情绪 

要做情绪的主人，而非奴隶。

只要是人，肯定都会有情绪。高兴、伤悲、沮丧、振奋……正因为有了这些不同的情绪，我们才是有血有肉的人。然而情绪有好也有坏，当情绪爆发快要冲破理智的时候，你能否掌控自己的情绪，预示着你是否能掌控自己的人生。

在20世纪60年代的体育竞技界，有一个人曾经名噪一时，他的名字叫作路易斯·福克斯。在1965年的台球冠军争夺赛上，很多人都觉得他将成为一个明星，因为他在之前的比赛中一路遥遥领先，只要最后再争取几分，就稳坐冠军宝座了。

比赛正在紧张地进行着，无数台球迷和记者的眼睛都盯着路易斯，期待他最后的辉煌。这时候，一只苍蝇突然飞过来，停在了主球上。路易斯走过去挥走了苍蝇，然后俯下身准备击球。可这只苍蝇似乎爱上了主球，飞向高处，又飞下来，又停在主球上。

观众席上明显有人注意到了这个情况，发出了低低的笑声，像是在起哄。这时候，路易斯脸涨红了，他再次走过去驱赶那只苍蝇。苍蝇飞走了，在他头顶上方绕了个圈，又魔怔般地飞回来，继续停在那个球上。

这时候的路易斯情绪已经糟糕到了极点，他明显是怀着暴怒的情绪用球杆去击打苍蝇，完全忘记了此刻他正在比赛。球杆碰到了球，裁判判定他犯规击球，路易斯失去了一轮机会。

赛场上的路易斯已经完全成为情绪的奴隶，只见他满脸通红，喘着粗气，坐立不安地在一旁，表情愤怒。轮到他上场时，好状态早已离他远去，连连失利使路易斯更显得狂躁。相反，他的对手状态却越来越沉稳，很快将路易斯反超。最后，路易斯输掉了比赛，与冠军失之交臂。

这还远不是故事的结局。第二天早晨，有人在河边发现了一具尸体，竟然是头天比赛失利的路易斯！很显然，他受不了比赛失败的结果，竟以这种方式结束了自己的生命。而更为可悲的是，这一切的起因不过是因为一只小小的苍蝇！

然而我们是要去批判这只苍蝇吗？苍蝇早已飞走，踪影全无，而受到它一点小小影响的鲜活的生命却因此戛然而止。人们在为路易斯遗憾的同时，也在感叹为什么他的内心会如此脆弱？

作为一名职业选手，路易斯的人生目标一定是非常明确的，那就是不断朝着冠军冲击。他将自己的青春和汗水都献给了那一张台球桌，却扛不住一只苍蝇的影响。他的愤怒情绪最终将他推向了死亡。

试想如果当时路易斯不太过分在意那只苍蝇，是不是结局会完全不一样？苍蝇停在球上，其实也不一定会对比赛有多么大的影响。路易斯听到观众席上隐隐的笑声，他也可以轻松地笑笑，无奈地朝这个小生物摆摆手。如果没有前面情绪的失控，他也许不会违规被罚，那么接下来他应该也不会因为愤怒而发挥失常，如此极可能赢得冠军的就是他了。

然而人生哪里来的那么多如果，任你再有能耐，也不可能让时光倒流。仔细回想一下，我们的生活中是不是也遇到过很多因为无法控制情绪而犯错的事情呢？以至于后来想起时，总是会感慨如果我当时平静一点，理智一点，可能结局不一样……没错，你没有掌控好当时的局面，正是因为你没有掌控好当时的情绪。很多时候，小小的情绪会演变成元凶巨恶。相反，如果我们能在情绪快要爆发的时候及时控制住，深呼吸，给自己 5 秒钟时间，或许能够扭转乾坤。

读过《法国革命史》的人都知道，这是一部非常杰出的历史巨著，可以说这部书倾注了作者卡莱尔半生的心血。然而我们不知道的是，这部书背后还有一个故事。

卡莱尔呕心沥血多年，终于写完了巨著《法国革命史》。他很兴奋，急急忙忙揣着手稿来到好朋友米尔的家里，希望米尔第一个阅读这本书，并且给他提提意见。

几天之后，米尔面带羞愧地找到了卡莱尔，支支吾吾地告诉卡莱尔说发生了一件很不好的事情。原来在头一天，米尔出门时顺手把刚刚正在阅读的手稿放在椅子旁边。谁知道女佣收拾屋子时，竟将这些手稿当作没用的废纸，一把投入壁炉中烧掉了。米尔心存侥幸地问卡莱尔，“你家中应该还留有一份原稿的吧……”然而此刻的卡莱尔已经大脑充血，耳朵嗡嗡作响，完全听不到好友的话语了。

没错，卡莱尔的反应证明了一切。他送到米尔家的稿子是唯一的一份原稿，家中凌乱的参考书籍和笔记也只是一些资料佐证罢了。在米尔家壁炉中化为灰烬的那些稿子是他多年的心血，不可复制的心血!

卡莱尔像一个游魂一样回到家，完全听不到周遭的声音，他木然地坐在书桌前，整个人完全失去了往日的生气。这种巨大的绝望感，相信没有经历过的人是难以想象的。就这样，卡莱尔在家中呆坐了两天，他感觉不到累，也感觉不到困，变成了行尸走肉一般。

然而第三天，一切都变了，卡莱尔首先走进浴室，好好地洗了个热水澡，然后出门，在街边的饭店饱餐了一顿，最后他去到街角那家熟悉的店铺，买了厚厚的稿纸带回家，收拾书桌，整理参考书籍，将稿纸放在桌上，重新开始了写作。

几年后，这部《法国革命史》顺利出版了。

如果卡莱尔继续深陷在失去书稿的迷茫之中，相信世间永远不可能再出现这部署了他的名字的著作了。庆幸的是，他最后站了起来，抛掉绝望情绪，给了自己从头开始的机会。

甜瓜在成熟之前，味道是非常苦涩的，但当它扛过了大旱，抵御了久涝，最终成长起来之后，味道便非常棒了。人生也是一样，困难来了，挫折来了，愤怒、失意的情绪也一定会随之而来，抓住它，控制它，最后将其转化为动力，必将收获更好的人生。

懂得行动的重要性

要知道，时间永远不可能打败一个敢于行动且一直在行动的人。

在美国的出版业，有一个人的名字可谓家喻户晓，他创作的一套系列丛书在全世界 56 个国家发行，被译为 47 种语言，全球畅销上亿册。这套书是美国乃至全世界公认的权威的心灵成长读物，名字叫作《心灵鸡汤》，而此丛书的创作者名叫杰克·坎菲尔德。

即便你没有读过《心灵鸡汤》，也必然被其中的一些广为人知的言语感染过，甚至于我们现在一看到很多充满正能量的文字或文章，都会自动将其归入“心灵鸡汤”的门下，可见这四个字对世界产生的影响力。

从《心灵鸡汤》的巨大成功上，我们能悟出这样的道理：没有谁的成功是天生注定的，杰克·坎菲尔德也不是。如果一定要说杰克·坎菲尔德这个人有什么与众不同，那我们首先可以说他是一个目的非常明确并且敢于付诸行动的人。

当杰克创作出第一本《心灵鸡汤》的时候，他只是一个四处奔走，举办一些小的营销讲座的人，年薪也不过只有8000美元。很显然，他并不满足，8000美元虽然可以勉强养家糊口，但远远达不到自己的目标。那时候他的希冀是年薪能够达到10万美元，但现实与理想之间如此大的差距该怎样做呢？

杰克·坎菲尔德首先想到的是用一种视觉化的目标法来激励自己。他将一张特制的大大的10万美元“钞票”贴在了墙上，以便每天早晚都能清楚地看到。没错，这就是他接下来的目标。然后杰克·坎菲尔德开始了更深层次的思考。想要大幅提高收入，有些什么可能性呢？

这个时候的杰克·坎菲尔德手边已经有了一本《心灵鸡汤》，如果这本书能够顺利走进图书市场，并且一年卖出40万册，那么将产生10万美元版税，没错，是10万美元！如此看起来，想要达成目标似乎也不是很难。

那么该如何让自己的书走入市场呢？杰克·坎菲尔德的目光盯上了《国家询问报》。这是一份在当地销量非常大的报纸，如果自己的书能够在这份报纸上做宣传，一定会让更多的人知晓。

杰克·坎菲尔德的行动得到一个目标，一步步地清晰起来。一个多月后，杰克·坎菲尔德被邀请到亨特学院进行一场演讲。除了去演讲挣取生活费用之外，这次杰克·坎菲尔德还有一个目的，那就是要认识一位前来听讲的自由作家。

这位作家长期给《国家询问报》供稿，而且当时恰好带着专访任务去的。二人因为不同的目标在台下相遇，并且很快达成了共识。

没几天，杰克·坎菲尔德的名字和作品就登上了《国家询问报》，而且很快获得了理想中的结果。

当然，10 万年薪只是杰克走向成功的第一步。他从《心灵鸡汤》的成功中看到了更多的可能性，那就是大部分的人都在努力且伪装坚强地生活着，其实他们的内心既脆弱又匮乏，他们不太善于向人倾诉，因为很难信任他人，因此更需要一些其他的力量来缓释内心的压力，指引前进的方向，而一本温暖的书刚好能起到这样的作用。

很快，杰克·坎菲尔德就建立起了自己的创作团队，专门根据大多数人的需求创作一系列轻松温暖且富含正能量的读物，这些书籍的内容既不会让人感到困倦，又能够给人一定的生活警示，更重要的是，短小的内容安排非常适合时间已经碎片化的现代人去阅读。

果然，这一系列图书投入市场，再度创下了销售奇迹。

而今的杰克·坎菲尔德早已经不再是当年那个渴望年薪 10 万美元的年轻人了，他功成名就，可是依然在努力地向全世界传授着他的生活理念。

美国第四任财政部长罗马那曾经说过：“一切的一切都毫无意义——除非我们付诸行动！”

坐看云卷云舒只是一时的轻松状态，没错，我们的确可以在倍感压力的时候停下来，听听风的声音，呼吸新鲜的空气，看看天空的样子，但我们不可能让时间从此静止。光坐在原地想是想不出美好生活的，头脑中所有的期冀和欲望都必须通过付诸行动，去努力，才有可能得到。

然而很多时候，现实和理想之间有一道几乎无法逾越的鸿沟，想一想觉得非常美好，一旦结合现实，就会变得沮丧和不自信。这时候又该怎么办呢？

没关系，勇敢起来，我们依然要付诸行动！

如果觉得目标太大，那么我们首先可以将目标具体化。比如你想要过上更好的生活，那么先问问自己，这更好的生活具体体现在哪些方面？收入增加一些？自由的时间更多一些？或者仅仅只是买到渴望已久的那双鞋？当这些东西变得具体，你便会有了更多的动力。

当具体的目标放在眼前时，不要迟疑，即刻就去做。如果你想在一个月后减掉两千克肥肉，那么就不要等明天再开始，即刻就运动起来，哪怕你是坐在办公桌前，也可以抬起你的腿，做几个收腹抬腿运动。从心理学的角度来说，当你的欲望慢慢降低的时候，动力也会随之减弱，因此即刻采取行动就变得很重要了。如果等明天呢？也许你会重复用今天的借口去说服明天的那个自己，一直拖延下去，那么梦想也只能永远是想想了。

当然，行动不可能永远是一帆风顺的，势必会在行动的过程中遭遇很多艰难险阻。你可能随时想要放弃，退回安全地带。当然，你也可以选择告诉自己“都已经开始了，就走下去吧”。当你真的说服自己打消那些疑虑之后，你会发现很多解决问题的办法已经摆在眼前。

万事不过认真和专注 

人一生的时间是有限的，能做的事也是有限的，这使得认真和专注就显得很重要了。不管你的能力如何，只有做事认真专注，你才能获得不凡成就。

有一位木匠，他辛辛苦苦为别人盖了一辈子的房子，虽然手艺很好，但是毕竟也是穷苦人家，要养活很多孩子，所以一直不太富裕。尽管十里八乡的人都喜欢聘请他去做活，但他从来不快乐，他厌倦了自己的工作，也厌倦了总是辛苦挣钱，却从来不能享受的悲哀。渐渐地，他萌生了退休的想法，不愿意再那么辛苦了。

一直聘用木匠的老板听说了木匠的想法，极力挽留他。木匠年龄也不算太大，还能再干几年，做活计好过在家赋闲吧，何况这好手艺要是不用，慢慢就荒废了，岂不可惜。

然而对目前生活厌倦透顶的木匠根本不愿意再去思考这些话中的道理，他去意已决，完全听不进老板的劝导。老板无奈地对他说：“好吧，既然你已经决定了，那我说再多也没有什么用。这样吧，你最后帮我做一件事情，我希望你能用毕生积累好好地帮我造一座房子，当然我也会给你丰厚的酬劳，足够你度过晚年了。”

此时的木匠满脑子都是离开的念头，对老板所谓的丰厚报酬不是很感兴趣，但碍于多年相交的情谊，他勉强答应了老板的要求。

木匠虽然在做活计，但一心只想着赶紧完成任务，好离开这个地方，因此他根本没有认认真真地去建造这座房子，而是能敷衍的地方就敷衍，能将就的地方就将就，甚至为了缩短工期而偷工减料，完全没有了平时的水准。

最终木匠比预期还早了两周就完成了房子的所有建造工作。木匠迫不及待地找到老板，希望结了工钱回家养老。老板握着木匠的手，非常真诚地对他说道：“你辛辛苦苦地工作了一辈子，为我做出了很多很多的贡献，而且从来没有出过什么差错，我很感激你，这幢房子是你亲手修建的，我就把它送给你吧，作为你的养老金，你把家人接来，幸福地安享晚年吧。”说完就把钥匙递给了木匠。

木匠愣在原地，半天回不过神来，之后巨大的悔意向他袭来，早知道这个房子是给自己的，无论如何他都会倾尽毕生所能去努力修建，而不是盖成现在这个连自己都接受不了的样子。

可是后悔有什么用呢？对不起木匠的人是他自己。即便他根本没有料到老板会送给他这么一个大礼，但是另一个角度来说，做工作就应该要认真细致，他本是有好手艺的人，却白白输给了“不认真”，最后自食其果。

如今职场中的我们又何尝不是如此？面对工作，即便是已经熟悉到信手拈来的地步，也一样应该认真对待，因为在这个世界上，“认真”这回事是无法伪装的，你可以皮笑肉不笑，可以喜怒不形于色，可以假装喜欢，假装感兴趣，但你无法假装认真。一个人认真的状态才是最好的状态，认真不是做给老板看的，也不是为了让其他人效仿或者羡慕，认真是真正对得起自己的付出，对得起自己的时间和精力，每天认真努力地工作，即便到了晚上并不一定有很明显的成果，但至少你能够安心入睡，因为你内心坦然。

与认真一样，专注也是必不可少的。只有认真，才能够达到专注，而专注地去做一件事情，势必是非常认真。这二者的力量不可小觑。

股神巴菲特曾经把自己的成功归结为“专注”二字。他除了关注自己领域的商业活动之外，对其他行业完全是充耳不闻。你可以说他太过“偏科”，但正是这种不顾一切的专注才成全了他。

在巴菲特小的时候，他就对钱很感兴趣，出门时都要随身带着自己最珍贵的财产——一个自动换币机。10时，他向父亲请求，要去纽约证券交易所旅行，这真是和一般的孩子很不相同。未成年的时候，巴菲特就曾对朋友说，他要在35岁之前成为百万富翁。可是当时正值美国经济大萧条的阶段，一个孩子竟然会这样讲，真有口出狂言的感觉。然而这个狂妄的孩子最终是成功了，成了世界知名的“股神”，无数人排着队想要得到他的指点。

不过今天我并不想讲述这位伟大的股神是如何成功的，只想讲述一个关于“英雄所见略同”的故事。

1991 年美国独立日那天，巴菲特和美国历史上另一位名人比尔·盖茨正式见面，并成了朋友，但这个过程显然不简单。

巴菲特很早就听说过比尔·盖茨的名字了，他对于这个比自己小 25 岁的年轻人是欣赏的，但他并没有去结识对方的欲望，因为巴菲特对 IT 行业并不感兴趣。

同样的，比尔·盖茨内心也充满忐忑，他虽然是一个 IT 奇才，但在人际交往方面并不那么擅长，他很怕双方没有话题可聊而陷入尴尬，更何况他们之间的年龄差距那么大呢。

在有心人的撮合下，这两位神一样的人物终于还是见面了。他们并没有过多的客套寒暄，而是直接就进入了聊天主题——聊各自的领域。不曾想这样的开门见山所产生的效果非常好，两人很快就进入了深入聊天的状态。

要知道那一天并不是他们俩单独会面，而是在一个小范围的聚会上，其实来参加这场聚会的嘉宾多半都是两人各自的朋友，也是冲着他们二人来的。朋友们非常关注这二人的聊天状况，有两个人还端着鸡尾酒过来，试图加入二人的谈话。

巴菲特和比尔·盖茨似乎很投缘，两人根本没有注意到周围的环境，甚至没有注意到过来打招呼的人。他们完全忘记了这是一场朋友之间的聚会，只是这样聊着，走进花园，又踱步到海边。后面有很多朋友跟着出来了，甚至有人建议在海滩边点起篝火烤东西吃，然而这两个人居然完全没有任何响应，只顾聊着他们的话题。

最后，还是比尔·盖茨的父亲觉得过意不去，他优雅但坚定地走上前去，打断了两个人的谈话，希望他们能够融入大家的氛围。

这个时候，巴菲特和比尔·盖茨才意识到他们已经聊了很久，而且忘记了周遭的一切，虽然觉得很不好意思，但更多的是感到意犹未尽。

原本比尔·盖茨的时间安排是乘坐晚上的班机离开，但是飞机飞走了，比尔·盖茨却留了下来，他还在享受着与巴菲特聊天的乐趣。

晚宴快结束的时候，比尔·盖茨的父亲问了在座所有人一个问题："人一生当中最重要的是什么？"

结果巴菲特和比尔·盖茨给出的答案一模一样，只有两个字："专注"。

看看他们聊天的状态就知道，当他们在面对自己感兴趣的事情的时候可以做到心无旁骛，如此认真和专注，何愁谈不好一桩生意，做不好一件事情呢?

全神贯注本就是学习知识、解决问题最快最有效的办法。用在职场上来也是一样，即便你进入了一个完全不了解的行业，但只要能够认真对待，专注地去汲取知识和经验，就一定能够突破难关，从不懂到懂。即便你是做着专业对口的工作，也一样需要用心对待，因为如果你敷衍，其实受伤害最深的是你自己。

感激那些伤害和折磨你的人 

人们都惧怕被伤害，因为那种感受即便不是刻骨铭心的疼痛，也会让人觉得极不舒服。相信没有几个人能够很坦然地从伤害中感受到快乐与安心，这也许就是人类本能地逃避伤害而自我保护的原因。然而人是群居动物，我们活在这个世界上，就必须与人接触，而人心人性是最复杂难懂的，所以因为这样或那样的原因，受伤害在所难免。倘若我们一直耿耿于怀，沉浸在痛苦中不肯走出来，不懂释然和原谅，那么将耗费许多本来属于自己的大好光阴。

丹麦物理学家奥斯特在1820年发现了电流能够使磁针偏转的物理现象，这是一个伟大的发现，因为他首先印证了“电与磁是有很大关系的”这一事实。之后，越来越多的人开始投身这方面的研究。

威廉·沃拉斯与戴维也不例外，当时他们已经是物理学界的权威，二人强强联手，共同致力于拓展奥斯特的发现，寻找新的东西。

在威廉和戴维教学的皇家学院，有一个学生名叫法拉第，这是一个好学且认真的孩子，很多老师都很喜欢他。法拉第也是一个对物理学痴迷的人，然而因为自己只是个学生，所以很难参与老师们的课题研究，这对于好学的他来说是很可惜的。但法拉第想出了办法，白天乖乖上课，晚上就偷偷跑到公共实验室去加班加点地做实验。

好几个月的时间里，法拉第没偷过一天懒，沉浸在知识海洋中的他不知疲倦，只恨一天不是36个小时。终于他发现了通电导线绕磁铁旋转的定律，从而发明了第一台电动机。

对于年轻的法拉第来说，这个发现真的是太让人激动了，他欣喜若狂地将这个消息告诉了自己的好朋友。朋友也为他感到高兴，并且鼓励他说："既然你已经完全可以确定这一定律，就应该即刻将它公诸于世，这是你的研究成果呀！"

法拉第一心想着终于可以带未婚妻去旅行的事情，于是委托朋友帮他先公布这个成果，他要出去放松几天。

一周后，法拉第带着旅行的甜蜜回到了学院，本以为会爱情事业双丰收的他却迎来了众人质疑的目光。原来尽管朋友帮他公布了实验结果，可不知道为什么，人们却在私下议论说这根本不是法拉第自己研究的，而是窃取了其导师威廉·沃拉斯的实验结果。

由于法拉第只是个学生，没有站得住脚的前期研究数据，也就没有资格申请单独使用实验室的资格。虽然亲近的人都知道他是每天晚上悄悄去实验室进行研究，但大部分人不知道这个事情，何况在人们的固定思维中总是认为这种可以称得上

“世界第一”的发现一定是经验丰富的学者才有可能做到，而法拉第这种毛头学生怎么有这个能力？竟然厚颜无耻地窃取老师的研究成果，还敢公布出来争风头，这个人的人品真的是太有问题了。

面对众人的误解，法拉第有口难辩。他虽然是偷偷使用实验室，但是他的两位老师，威廉和戴维都是知道且默许的，他很希望导师能够为他澄清事实。

威廉并没有和法拉第沟通过任何事情，在听到这些流言之后，他在学院会议上声明了自己目前的研究方向，那是和法拉第的电磁感应定律完全不同的方向。威廉此番要表达的意思很明了，即便法拉第真的是窃取了谁的成果，也不是他的，因为他根本就没有研究这个方向。而另一位老师戴维并没有出来说任何话，一直沉默。

法拉第再如何单纯，此时也已经意识到戴维应该就是流言的始作俑者，否则还有谁那么清楚自己的实验结果呢？何况师生之间原本关系不错，为何戴维明明知道这个成果是属于法拉第的，却一直保持沉默呢？

法拉第感到自己的内心受到了深深的伤害，他实在想不明白戴维为什么要这样对待自己。他把自己困在家里，又郁闷，又伤心，浑浑噩噩地过了好几天。然后，他突然想通了，将自己收拾整齐，然后像什么事情都没发生过一样回到了学校。

法拉第只字不提实验结果的事情，当别人向他投来嘲讽的眼光时，他都视若无睹。他依然勤学好问，唯一的改变是他把更多的时间和精力投入到了学习当中。

转眼，时间过去了 3 年，戴维旧疾新病一起发作，眼看就要不行了。在临终前，他留下了这样一句话："我这辈子最大的成就就是发现了法拉第这样的好学生。"这就等于默认了当年的事情是他从背后搞的鬼。

法拉第出席了戴维的葬礼，并深深地亲吻了他的额头。其实法拉第心中早就放下了当年的不满和怨愤，这个时候的他已经凭借自己的能力加入了皇家学会，并开始指导自己的学生。当年的他在家中郁闷的时候想通了一个道理，那就是原谅和放开。原谅伤害自己的人，也放开自己对于伤害的耿耿于怀。

何必一定要把时间放在悲伤和怨天尤人上呢？这样做的结果不过就是让自己满身怨气，却没有半点收获。不如化悲痛为力量，去努力冲破困境。成功之后回头想想，你会感激当初带给你伤害的人，如果没有这种伤害，你未必会看见自己的潜力。

亚伯拉罕·林肯，美国政治家、思想家，黑人奴隶制的废除者，第 16 任美国总统。曾经很多人都给林肯提出意见，说他对待政敌的态度太过宽容。事实也是如此，在林肯执政的生涯中，我们看到更多的都是他乐于原谅那些恶意攻击他的人，而且致力于将敌人变成朋友。

有人问林肯："为什么您要把敌人当作朋友来对待呢？站在您的角度，只有消灭他们才是巩固自己实力的最好办法呀。"

林肯笑答："我当然知道这个办法，我就是在消灭他们。当敌人变成了朋友，敌人不就被消灭了吗？事实上我觉得爱与宽容才是化解敌意最好的办法。"

正因为林肯有如此宽阔的胸襟，他领导的北方政府才能够转败为胜，最终获取了大部分人的理解和支持，彻底推翻了南方奴隶主的反动势力。

没错，感激那些敌人，让彼此有机会成为朋友，当对方作为敌人在与你处处作对的时候，你感受到的更多是“被折磨”。相反，用宽容豁达化干戈为玉帛之后，这种恼人的折磨便会变成令人愉悦的相互支持。

Part 05

懂得珍惜，学会放弃

鱼与熊掌不可兼得，

生活很可能让贪婪的人一无所获。

懂得珍惜，

学会放弃，

才会在这个促狭的世界里从容转身，

进退自如。

放下不等于放弃，执着不等于坚持 

真正的放下，不是避开车马喧嚣，而是在心中呵护一朵花开。学会放下，不是要我们放弃曾经的过往，而是不纠结、不懊悔，让心前行。执着亦是如此，如果说坚持是期待尘埃中开出花朵，那么不到终点的执着就是无望的守候，趁着青春正好，调整心态，让我们踏歌而行。

在一个春光正好的日子里，一个青年的心中突然升腾起了一个想法，他想放下功利之心，不想再执着于现在自己不太喜欢的职业，并且马上付诸了行动。如果不是他勇于放下，如果不是他放下但是没有放弃，他就不会在计算机领域取得这样的成就。如果不是他肯坚持自己的梦想，那么他可能只是美国某个小镇上一名既不成功也不快乐的律师。他就是李开复。

当年的李开复考上了美国哥伦比亚大学的法律专业。能考上这所知名院校，他也算是一个能力很强的人。哥伦比亚大学是一所文科性质的院校，尤其是法律专业在全美院校能毫不含糊地排名前三位，而且毕业后从事律师职业，在美国就相当于有了一个金饭碗。可是这些并不是李开复想要的，上专业课时，他丝毫提不起精神来，甚至想把枯燥的课本撕个粉碎。

当时计算机正悄然崛起，李开复在枯燥的编程中找寻到了久违的快乐。大家都对他的这种狂热表现非常不理解。终于，在大学二年级的一天，他做出了一个重大的人生决定：放弃法律系，转入该校几乎无人问津的计算机系。当时劝他三思的人几乎能在宿舍外面排成长龙，可他还是坚持了自己的选择。

在当时，计算机属于新事物，哥伦比亚大学的计算机系也只是刚刚创立，连 30 个学生都不到，没有人敢预想这个专业会有什么前途。面对如此多的不确定，李开复的回答非常简单："我喜欢，所以我坚持。"

李开复一进入计算机领域，便如鱼得水，整个身心从内而外地充满了激情。后来，他又进入卡内基梅隆大学，继续攻读计算机方面的硕士及博士，并获得了计算机专业博士学位。由他开发的语音识别系统获得了《美国商业周刊》最重要发明奖。

李开复于 1998 年加盟微软，创立了微软亚洲研究院。2000 年，他升任微软全球副总裁，是微软高层里职位最高的华人。2006 年，他又出任 Google 公司全球副总裁、中国区总裁。

直到现在，李开复与人谈起大学时代放弃法律专业而选择计算机专业的事，仍然感慨不已，他奉劝年轻人："放下不等于放弃，执着不等于坚持，选择最适合自己的职业，不抛弃，不放弃，我们年轻人就要有年轻的血性和资本做自己想做的事。”

有时勇于放下也是一种智慧。放下代表一种终结，同时意味着另一种开始。当从前的路不适合我们，不要为了未知的前景而执着硬拼。我们进行重新选择，我们的人生也许就会出现另一番美丽的风景。

摩洛·路易士，美国非常著名的一位电视人，他的非凡成就来自生命中两次成功的转折。说他敢于放下也好，说他勇于坚持也罢，他就是这样，用年轻的心为自己迎来了事业的春天。

摩洛 19 岁时随家人一起搬到纽约，在一家广告公司找到了一份一周 14 美元的工作。对当时的情景，摩洛是这样回忆的：“那时候我经常跑外勤，工作非常忙碌，整天感觉自己就好像是上满了弦的钟，一刻不能停歇，6 点下班以后，我还到哥伦比亚大学夜校部上课，主修广告。几乎每天都会忙到凌晨 2 点。”

摩洛其实非常喜欢需要创意的设计工作，而不是像现在这样穿大街走小巷地去跑业务，可是高额的提成使他舍不得放弃现在的工作。摩洛纠结了许久，还是觉得生命中总要学会放下一些必须放下的东西，于是他跟老板商量，他必须要去设计部。最终，他的心愿达成了。

摩洛在设计部做得风生水起之时，那年他才刚刚 20 岁。紧接着，摩洛又突然对自己的职业产生了不满。他觉得自己无法执着地干一辈子设计师，因为这并不是他想坚持毕生的职业，于是他选择了离职。

摩洛开始创业，而他的创业之旅一开始竟然是无本经营。他说服各大百货公司成为CBS电视公司“纽约交响乐”节目的共同赞助人。

在当时，这种性质的工作对人们来说相当陌生，所以摩洛的工作开展起来可谓是困难重重，几乎所有人都认为他不可能成功。

摩洛十分卖力地在各地进行说服工作，令人意外的是，他做得相当成功。一方面，他的创意大受欢迎，与许多家百货公司签成合约；另一方面，他向CBS电视公司提出的策划方案也顺利被接受。可没想到，因为一些意外，他的这个计划泡汤了。

所有人都劝摩洛还是回到广告公司去任职吧，别再执着于这些不靠谱的生意。可摩洛却笑了，他说:“我这不是没头没脑的执着，我这是经过深思熟虑的坚持。

找准自己的方向，坚持到底，这是摩洛的座右铭。虽然摩洛的事业遭遇了滑铁卢，可是立马就有一家公司聘请他为纽约办事处新设销售业务部门的负责人，并支付给他3倍于以往工作的薪水。于是摩洛再度活跃起来，他的潜力得以继续发挥。

那个时代，电视尚未普及。摩洛看好它的远景，认为电视必将快速发展，在这一领域将大有可为，因此便专心致力于这种传播媒体的推广。由他的公司所提供的多样化综艺节目为CBS电视公司带来了空前的成功。

这便是摩洛人生中的第二次放下与坚持，但这次冒险并不完全是孤注一掷的执着，而是有的放矢的坚持。

电影《卧虎藏龙》里有一句经典台词：“当你紧握双手，里面什么也没有；当你打开双手，世界就在你手中。”有时，执着于我们真的是一种无望的守候，当我们选择放下，并坚持心中所想，反而会使年轻的生命飞扬。

把人生不如意的时光当作是上天给的长假

人生不如意事十之八九，好运降临，我幸，烦恼临幸，我命。遭遇低谷之际，不妨当作上天给了我们一个悠长的假期。适时充电，学会止损，等待有一天假期结束，时来运转！

有一个女孩，她是体操运动员，被誉为中国的“跳马王”。但是若干年前，在美国的一次赛前训练上，缘于一个没有做完的手翻转体动作，这个 17 岁拥有着明媚笑容的女孩就此陨落在了体操赛场上。她没有失去生命，却感觉比失去生命更加痛苦。从此，她将离开自己钟爱的体操事业，因为她高位截瘫了。

女孩的双手和胸以下全部失去知觉。美国的送护人员十分尽职：从长岛拿骚县医疗中心到纽约市区著名的蒙赛耐康复中心，医疗专家们拿出了最佳治疗方案，使用了中心最好的药品。

人们对女孩极为关心，鲜花堆满了她的病房。然而这都不可能让时光倒转，让一切重来。

苏醒过来的女孩没有流过一滴眼泪，从她重新面对公众目光的那一刻起，她的面容就永远浮现着灿烂的微笑。17 岁的小姑娘用她纯真的微笑征服了全世界。将近一年后，伤情基本稳定的女孩终于回到了日思夜想的祖国，在中国康复研究中心继续接受康复治疗。

女孩忍受着极大的痛苦，积极配合医护人员。女孩由于截瘫可能引起的泌尿系统和呼吸系统感染、脊柱侧变等并发症得到了有效的控制和纠正，体位性低血压已经缓解，各个关节保持着良好的活动度，肌肉力量开始恢复，轮椅自己也能摇出很远。女孩的生活自理能力大大提高，她可以自己穿脱衣服、袜子和鞋，可以独立进食、洗脸、刷牙、洗澡，可以操作电脑，可以完成从轮椅到床的转换。

这些对于女孩来讲都不是最难的，难就难在她不再是一个体操运动员。不过她是一个永远微笑的姑娘，是一个与常人一样对新生活充满渴望和希冀的活力四射的年青生命。

女孩性格中天生有不服输的一面，她微笑着说："上天一定是心疼我从前的训练太累太苦，它不忍心再看，所以想要我换个工作，或者是想让我好好休息，给我一个长长的假期。"

让我们看看，女孩在这个假期里做了些什么。她在清华大学附属中学进修了文化课，她在迫不及待地接受人类文化知识的灌溉。学习之余还不忘回馈社会，女孩将社会各界赠给她的价值百万元的各种康复器械和残疾人生活用品全部转赠给北京博爱医院和更需要、更困难的残疾患者。

她还是人道主义的慈善大使，奔波于祖国各地，在上海点燃中国第五届残疾人运动会的火炬，在深圳与施瓦辛格先生一起为智残儿童募捐。她的事迹感染着人们，一个服刑人员给她来信，一位不务正业的青年到病床前看望她，她都热情地回信和接待。

有记者问她："是什么支撑着你做了这么多事？"

她脸上带着招牌式的笑容，暖暖地回答："只要我的生命有方向，不迷茫，我觉得我的青春就会永远停留在赛场上，永不落幕。"

在场的人听了这句话都红了眼眶。

动画电影《麦兜》里有句经典台词："感谢那些曾让我伤心难过的日子，我知道快乐已经离我不远了。"

时光就像一列不回头的火车，呼啸而过，转眼间就消失了踪迹，所以那些不如意的时光也终将会过去。让我们变成一个手握橡皮擦的孩童，将过往的不快记忆一点点擦去，用自己的坚强与意志把苦难提炼成适合我们成长、激励我们前行的益生菌，把我们短暂的青春照亮，让那些闪光的日子永远不散场。

鼎鼎大名的华罗庚也曾经遭遇过一段很长的不如意的时光。少年时他曾进入上海中华职业学校就读，然而由于家境贫困，终因交不起学费而中途退学，故一生只有初中毕业文凭。如果他就此随波逐流，也许他的人生会很平凡，他的名字也不会被人记得。可他没有，因为他是华罗庚。

此后，他开始顽强自学。他用 5 年时间学完了高中和大学低年级的全部数学课程。然而之后他不幸染上了伤寒病，靠妻子的照料才得以挽回性命，却落下左腿终身残疾。

无论多么艰难，华罗庚都没有放弃自己的学业，最终他以一篇论文轰动数学界，被清华大学聘请。自此，华罗庚才有了稳定的收入，熬过了那段艰难的岁月。

从此，华罗庚在清华大学边工作边学习，用一年半时间学完了数学系的全部课程。他自学了英、法、德文，先后在国外杂志上发表了多篇论文。之后又被保送到英国剑桥大学进修，两年中发表了十多篇论文，获得国际数学界的肯定。

当我们的情绪或者身体处于低潮时，肯定对任何事情都提不起兴趣，我们一遍遍为自己的拖延症寻找理由，理由之一就是我们现在这么不幸，为什么还要求我们这样或者那样？去看看那些最终战胜自己、事业成功的人吧，他们历尽的苦难绝对不比我们少，可他们仍旧笑到了最后，所以当我们陷入困境时，不妨转换一下思考问题的角度，用这段时光去充电，当云开雾散之际，用我们的实力去迎接彩虹的到来。

如果方向错了，停下就是前进 

如果一个人学会了骑自行车，他就很容易把握车的平衡，这就是所谓的惯性理论。然而如果方向错了，或者道路很滑很崎岖，那么保持平衡的惯性就会大大受限，随时可能会摔倒。可是很多时候，我们就是不肯放弃错误的方向，不愿及时止损。请牢记，如果方向错了，停下就是前进。

1961 年 4 月 12 日，对当时的苏联来讲，是一个举国欢庆的日子。苏联宇航员加加林在太空飞完了 108 分钟，平安地返回到了地球。这意味着人类圆满完成了探索太空的第一次飞行，加加林也因此成了全世界的英雄。

就在加加林平安着陆几分钟后，世界各地的电台、报纸争相报道这个 25 岁的矮个子宇航明星。他在苏联国内更是享受到非同一般的政治待遇。纷至沓来的荣誉让加加林有些懵了，继而内心也开始膨胀起来。

当时，加加林可以与火箭之父科罗廖夫并肩坐在一起，要知道科罗廖夫在苏联那简直是神一样存在的人物，又因其性格古怪，很少敢有人与他近距离接触。唯独对加加林，科罗廖夫展示了他火一般的热情，这让加加林在受宠若惊之余，也非常地骄傲。

当时身为苏共中央总书记的赫鲁晓夫也热情地接见了加加林，报纸、杂志连篇累牍地对这次接见进行了报道，加加林顷刻间成了炙手可热的政治明星。他开始出入大大小小的宴会，和政要、名人拥抱、举杯，他的胸前挂满大大小小的勋章，这些勋章在镁光灯的照射下熠熠生辉。而且加加林的军衔也从上尉升为少校。后来，他又被选送到茹科夫斯基军事学院和高等军事学院研究生院深造。总而言之，他走到哪里都会成为焦点，受到别人的追捧。

在巨大的成功面前，加加林变得有些忘乎所以，开始迷失了人生的方向。他常常驾着国家奖励给他的伏尔加轿车在街道上横冲直撞，甚至无视红绿灯的存在。而但凡认出他的人，也都对他礼让三分。

有一天，加加林开车又闯红灯，结果撞翻了另一辆毫无防备的汽车。在巨大的冲撞力下，两辆车顷刻间都变得面目全非。幸好加加林与另外一辆车里的司机都只受了点轻伤。

这起交通事故的责任本来不难判断，肯定是加加林的错，但赶到出事地点的警察立马认出了肇事司机是加加林，之后，事情就发生了戏剧性的逆转。

警察微笑着向加加林敬了一个礼，当即保证“追究肇事者的责任”。那位被撞车辆的司机虽然负了伤，但看到面前站着的是加加林，也赔起了笑脸，一再表示是自己的错误，自己不该让一位英雄受伤。警察拦下一辆过路汽车，嘱咐车里的司机将加加林安全送到目的地，却留下那个真正的受害者。

加加林坐在汽车上，心里却十分难受。隔着车窗，看着那个向他卑躬屈膝、头上还流着血水的司机，加加林觉得心如刀绞。接着，他让过路司机迅速把车开回出事地点，在警察和受害司机面前诚恳地认错，并承担了全部赔偿费用。

从那以后，人们发觉加加林变了，变得平易近人，不再嚣张跋扈，他重新开始投入训练，保持最佳体能，准备在国家有需要的时候再为国家立功。

当朋友问起加加林最近的转变，加加林诚恳地表示自己当时因为飘飘然，早已经在人生的道路上走错了方向，既然错了，就要及时喊停。

当自己不再继续犯错，那么停下其实也是一种变相的前进。

加加林无疑是一个勇者，勇在敢于承认错误，改正错误的方向。正是他在关键时候的一次“停下”，不但没让自己的尊严受损，反而让人们更加尊敬他。

人在青春年少之际，又有多少人没有犯过方向性的错误呢？可碍于情面或者自尊，很多时候明知道自己有错，却耻于停下自己的脚步，因此一错再错，自酿苦果。如果我们有勇气适时地为自己的错误行为叫停，那么也许接下来的人生会有很大的不同。

唐朝著名学者陆羽从小就是个孤儿，他不知道自己的父母姓甚名谁，家住在哪里，他是被智积禅师抚养长大的，山中的寺庙就是他的家。陆羽自小身在庙中，每天接触最多的就是佛经和佛法，而智积禅师也想从小就培养陆羽为自己的接班人，每天特意为他加小灶。可陆羽却不愿终日诵经念佛，而是喜欢吟读诗书。

渐渐地，陆羽从一个孩童长成了一个青年，他不想继续留在山上，而是执意要下山求学。他的这个举动遭到了智积禅师的反对。智积禅师为了留住陆羽，同时也是为了更好地教育他，便给他出难题，叫他学习冲茶。智积禅师觉得茶道是最能陶冶人的心性的。

在钻研茶艺的过程中，陆羽碰到了一位好心的老婆婆。他从老婆婆那里不仅学会了复杂的冲茶技巧，更懂得了不少读书和做人的道理。慢慢地，陆羽对茶发生了兴趣，并且渐渐升级为痴迷。兴趣是最好的老师，陆羽一心扑在茶艺上，勤学苦练。当他最终将一碗热气腾腾的苦丁茶端到智积禅师面前时，智积禅师看着那碗香气四溢的茶汤，便知晓了陆羽在茶艺上下了不少苦工夫。

陆羽哀求智积禅师说："研习佛法不是不好，可是徒儿志不在此，您强留于我，我也不会在这上面有何建树，我的理想是钻研茶道。虽说如果我肯在佛法上下功夫，会得到师父您的真传，然而这个方向于我是错误的，我终究要找寻到属于自己的学问。"

智积禅师无奈，终于答应了陆羽下山读书的要求。

后来，陆羽撰写了世界上第一部茶叶专著《茶经》，把中国的茶艺文化发扬光大。如果当年的陆羽继续在山中学习佛法，也许就不会有后来的成就。

每个人在青春的路上都有选择的权利，既然知道方向错了，那么就要勇敢叫停。就算要为曾经的错误方向付出一些代价，可毕竟不用再为未知的后果继续埋单。

别人的优秀不妨碍你成功 

青春年少，每个人都会经历不能很好地掌控情绪的阶段，谁都会遇到比自己优秀的人。当这两种情况同时出现时，妒忌之心可能就会滋生。时间会让我们了解，人生的路很宽阔，没有那么多狭路相逢。别人的优秀妨碍不到我们的成功，反而是我们的心态才会影响前行的脚步。把心放开，才能拥抱更美的太阳。

华盛顿说：“除了我们自己，没有人可以贬低我们。如果我们坚强，那些比我们优秀的人不会击败我们，反而会成为我们向前冲的动力。”

很多年以前，一个叫王洪祥的保安在宿舍里观看了一期河南卫视“武林风”栏目的节目。当看到年终总冠军获得了一辆轿车时，他激动不已，当即决定参加该栏目组组织的“海选”。因为在他看来，会一些武功，又有着一副好身体的他并不比那个冠军差。

经过海选，王洪祥终于如愿站在了“武林风”的擂台上。之后，王洪祥顺利地从初赛一路过关斩将，攻到了上期擂主昌志旺面前。站在他面前的对手十分强大，以太极推手见长，又身兼摔跤、散打等多项技艺。那场擂主之争打得异常惨烈，双方各两次倒地，最后王洪祥以右手中指骨折为代价险胜。

在随后的几场比赛中，短短几个月，王洪祥赢得了七连胜。随之而来的就是“武林风”年终总决赛，获胜者不仅可以获得“中华民间英雄”的荣誉称号，还能带走本届比赛最大的奖项——15 万元现金大奖。比赛的结果是王洪祥赢了，一夜之间，这个曾经默默无闻的保安名扬天下。

成为“中华英雄”的王洪祥开始接受更大的挑战——专业搏击对抗赛，比赛中的对手都是外国的顶尖高手。在 11 场对外比赛中，他以全胜的姿态出现，并多次击倒对手，成为耀眼的武术明星。

从美国大胜归来的王洪祥还没有机会休息，首届中墨对抗赛的战幕就拉开了，他应战墨西哥选手弗朗基·莱斯特。第一局王洪祥处于优势，第二局因为他一时疏忽大意，被对手飞起一腿击中头部，轰然倒下。毫无征兆，猝不及防，王洪祥就这样被对手击倒了。所有人都惊呆了！看着王洪祥被搀扶着走下擂台时，许多他的忠实“拳迷”都流下了泪水。

王洪祥首次败北弗朗基·莱斯特之后，有人惋惜，也有人非议，但更多的是理解和支持。比赛过后，面对媒体，王洪祥很坦然，他用略带调侃的口吻说：“许多人都说我不够完美——

因为我没有失败过，我一直认为那是因为我没有遇到比自己优秀的人，现在我遇到了，所以我完美了。”

这次失败让王洪祥遭受重创，鼻骨和腿骨骨折。身体痊愈之后，再经过一段时间的调整，他很快又回到擂台上，开始了新的征战，迎战世界散打的强者——伊朗散打世界冠军侯赛因·奥贾吉 。

王洪祥的选择令许多人不解，因为即便是拳王泰森，从监狱出来后的第一场比赛，教练组在给他选择对手的时候也是先找个相对弱的，以便让他建立比赛信心，找找比赛的感觉。王洪祥他却反其道而行之，找了个更加强悍的高手对阵。

对于这场比赛，许多人并不看好王洪祥，都以为他不自量力。王洪祥却坦然地表示：“我不怕挑战比我优秀的人，如果说我输了，你们的眼里看到的可能是我的失败，其实我是在收获，收获经验，收获他人的优点，将来我肯定会超越他。我不相信别人的优秀或者完美会妨碍我的成功。”比赛的结局出人意料，王洪祥战胜了奥贾吉。

从民间功夫高手到世界搏击赛场的强者，短短几年间，王洪祥完成了人生的完美转变。对于他的成功，许多人都认为是一个神话。可王洪祥明白，自己是看到了比自己优秀的拳手的长处，并善于取长补短，这才保证了自己的成功。

综观王洪祥的成功之道，我们不难看出：与强者对阵，才能成为强者。挑战比自己优秀的人，才能不断战胜自己，超越自己。正如王洪祥曾经说过的那样，“给我一个比自己优秀的对手，让我战胜自己。”

果断放弃你人生的那7%

舍得舍得，很多时候，舍弃是为了更好地得到。舍小利而谋大财，不仅是生意场上的智慧，更是人生路上的远见卓识。佛经上说，“如何向上，唯有放下”。放下心头的羁绊，才有悠然的生活。放下多余的贪念，反而赢得更多。

美国保险业巨头法兰克·毕吉尔在刚进入保险业的时候，因为出色的推销能力，一度事业十分顺遂，几乎每月都能超额完成额定订单量。这使得他充满了斗志，决心在保险业做出更好的成绩。

为了提高业绩，法兰克·毕吉尔工作起来更卖力了，每日起早贪黑地出去跑业务，使出浑身解数去说服客户签单。然而，电话推荐、登门拜访……所有营销手段都用上了，效果却并不明显。几个月下来，他发现自己的业绩并没有比原来有多大提升。

那段时间，法兰克·毕吉尔感到非常沮丧，他不明白为何自己付出了更多的努力，却没有得到更好的业绩。难道自己的能力有限，只能做到目前的状态吗？随着一次次目标未达成的失败，之前大展拳脚的斗志渐渐消失，他几乎想要打退堂鼓，离开这个充满挑战性的行业。

直到一个周末的早上，法兰克·毕吉尔从噩梦中惊醒过来，他开始反思自己的工作方式。他认真翻阅了自己从业一年以来的工作笔记，同时回顾自己和客户打交道的情形。他发现有很多次，客户一开始并没有购买保险的意向，都是在他三番五次登门拜访之后才同意购买的，可到了最后签单的关口，不少客户又会反悔，说要再考虑考虑。而这一考虑，通常都不了了之了，于是他不得不再花时间重新寻找业务。

反复思索后，一个大胆的念头在法兰克·毕吉尔的脑海中升起，他决定改变以往的工作方法，采用新的推销策略。很快，他就看到了这种新的工作方法带来的成效，甚至可以说，他创造了保险业的一个奇迹。他只用了很短的时间，就将平均每次赚 2.7 美元的成绩迅速提高到了 4.27 美元。不仅如此，那一年，他做成的保险业务量第一次突破了百万美元，在业界引起了不小的轰动。

成功后的法兰克·毕吉尔向人们公开了他的秘诀。原来当年他在整理自己的工作笔记时，发现了一组数据，在他卖出的所有保险业务中，第一次见面就成交的占了 70%，第二次见面成交的占了 23%，剩下的 7% 则是在至少第三次拜访后才成交的，而偏偏就是这 7% 的业务花费了他大量的时间和精力。这组数据让法兰克·毕吉尔改变了自己的工作观念和方式，他采用的新推销策略就是放弃这 7%。

法兰克·毕吉尔的成功是舍小谋大的智慧，虽然表面上看来他失去了7%的业务，但是实际上他却得到了更多的时间去发展新业务。同时，因为他的果断放弃，不再“紧迫逼人”，也为他赢得了业内的好名声，很多对保险业务员的打扰觉得反感的客户都愿意同他接触。

曾经有一个温州的小伙子来到深圳淘金。他要推销的产品是一种高级上光清洁剂，可在当时，同类的名牌产品已经将市场瓜分得差不多了，这位名不见经传的打工仔和他手中名不见经传的产品想要出头，谈何容易。

小伙子思来想去，苦无良策，最后决定用一种笨方法，就是当一回“傻子”免费干活。一天，他来到深圳一家名气很大的星级宾馆，找到老板说，他可以免费为宾馆做一次保洁。老板不免感到诧异，但也耐心地听他做完了产品介绍，思忖了一会儿后，老板便将准备开展大型会议的60个房间和会议室交给他，并规定2天内必须完成保洁。

小伙子干得十分卖力，不惜成本地用了20盒上光清洁剂，在一天半内就将工作出色地完成了。

会议结束后，宾馆的留言簿上出现了许多客户的留言，纷纷表示对宾馆的环境和卫生情况十分满意。于是，在会议结束后的第三天，宾馆老板找到这个小伙子说：“年轻人，你帮我赢得了下一项接待业务，也为我们宾馆塑造了良好的服务形象，这2000元算作这次的清洁费，你手头剩下的货我们也全包了。”接着，宾馆老板又递给他几张名片，“另外，这是几位向我取经的同行，我已经向他们推荐了你。”

就这样，温州小伙子顺利敲开了深圳市场的大门，并趁势而入，迅速打开了局面。

在很多人看来，这个小伙子一开始的做法很傻，免费干活，实在是吃亏。然而他这种“舍小利，谋大局，重视信誉和口碑”的犯傻，何尝又不是一种精明呢?

有一个 4 岁的小男孩，他的手不小心被卡在花瓶里了，费劲拔了半天却怎么也拔不出来。小男孩又疼又急，哇哇大哭起来。一旁的妈妈也束手无策，无奈之下，只能小心翼翼地将花瓶砸碎。此时，小男孩的手已经被折腾得通红，却依旧紧紧握着小拳头不肯松开。妈妈哄着让小男孩把拳头打开，赫然发现他手心里有一枚 5 毛钱硬币。

妈妈又急又气，半是责怪半是讶异地问:“你刚才怎么不松开手呢? 松开了，手就可以拿出来了啊! ”

小男孩用童稚的声音回答道:“可是妈妈，如果我松开手，硬币就跑掉了呀! ”

妈妈听了这个答案，真是哭笑不得，为了一枚 5 毛钱的硬币，她砸烂了一个价值 3 万元的花瓶!

反省自身，我们是否也曾舍本逐末呢? 只不过我们紧紧攥在手心的是另外一些我们担心一松手就会不见了的东西。它们可能是金钱、名利，可能是虚荣、面子。

及时放下“硬币”，放下那些只能带来蝇头小利的 7% 吧，在追寻成功的道路上，适当放弃那些多余的负累，方能一身轻松地大步前进。

你不能左右天气，但你能改变心情

叔本华曾经说过，事物的本身并不影响人，人们只受对事物看法的影响。这句话也许并不能概括一切情况，但至少说明了心态对人的影响很大。

生活中的很多事可能不是一己之力能够改变的，然而如果我们能换一个角度看问题，换一种心态去面对，也许就能看到柳暗花明的一面。

有一位老妈妈很爱自己的两个女儿，从女儿出生到出嫁，她简直操碎了心。所幸两个女儿都过得很好，大女儿家开了一间伞铺，小女儿家开了一间饼铺，两家店的生意都很不错。

尽管如此，老妈妈还是常常愁眉不展。邻居问她是为什么，她诉苦说："出太阳的时候，我发愁，天气这么好，大女儿家的伞还卖得出去吗？可下雨的时候，我也发愁，天气这么差，人们都待在家不出来，小女儿家的饼肯定卖得不好。"

邻居听了大笑起来，“原来你是这样想的，难怪你每天都发愁了。你应该这样想：晴天，幸好是晴天，小女儿家的饼一定卖得很好；雨天，幸好是雨天，大女儿家的伞一定卖得很快。”

老妈妈听了这番话后茅塞顿开，从此每天都笑嘻嘻的。

故事中的邻居让老妈妈换一个角度看问题，将“如果天气怎样”替换成“幸好天气是这样”，于是，同样的天气，却因为不同的想法而带来不一样的心情。

我们也应该学习这种换个角度看问题的方法，多看事情积极、有利的那一面，少想失去而无法追回的，自然会感到更快乐。

从前，有两个秀才一起去赶考，在路上遇到了一支出殡的队伍。

当看到那口黑乎乎的棺材时，一个秀才顿时觉得心凉了半截，心想：完了完了，真是活见鬼，赶考时居然碰到这么倒霉的事，真不是好兆头。为此，他之前雀跃的心情一落千丈。走进考场后，仿佛还看到那口棺材在眼前晃，根本无法集中精力答题，结果名落孙山。

另一个秀才看到棺材后，也觉得有些倒霉，可是转念一想：棺材棺材，又有‘官’又有‘财’，也许这是大吉大利的预兆呢。这说明自己这次一定能高中，然后升官发财！于是瞬间觉得信心倍增，进了考场后只觉文思泉涌，下笔如有神助，最后果然一举高中。

如果再给这两个秀才一次机会，想来结果还是一样的，因为他们的心态早已为成败埋下伏笔。生活中有很多如第一个秀才那样消极的人，他们看待事情总是会首先看到消极的那一面，最终自然只能得到一个消极的结果。就像有一首歌中唱的，“如果能给我重来的机会，我想也是换一种方式后悔。”

积极的心态就像是太阳，既照亮了自己，也照亮了他人。

1929 年，美国纽约的股市崩盘，有一家大公司的老板因此破产，感到绝望的他垂头丧气地回到家中。

妻子发现丈夫不对劲，便微笑着问：“亲爱的，你怎么了？发生什么事情了吗？”

“完了完了，我破产了！明天法院就会来查封我所有的财产了！”说着，这个男人忍不住哭泣起来。

获知不幸消息的妻子沉默了一会儿，柔声问道：“那么你的身体会被查封吗？”

“不会……”男人对妻子的问题感到很意外，抬起头不解地望着她。

“我这个做妻子的也会被查封吗？”妻子继续问。

“不会。”男人再次回答，却仍然不明白妻子的意思。

“那孩子们呢？”妻子抛出第三个问题，脸上的表情很认真。

“当然也不会啊！他们都还小，跟这件事完全无关！”男人大声地说。

妻子笑了，握着男人的手说：“那么你怎么能说你的所有财产都会被查封呢？你还有我，一个支持你的妻子，你还有可爱而充满希望的孩子们，而且你还拥有丰富的经验、上天赐予的健康的身体、灵活的头脑。至于那些失去的财富，就当是过去白忙活了，但以后还可以赚回来，不是吗？”

男人这才明白妻子的用意，是想让他换一个角度看问题。于是他重新振作起来，不再受消极情绪的影响，用积极乐观的心态去努力奋斗，最后用了 3 年时间将新公司再次发展为《财富》杂志评选的五大企业之一。

现实生活中，有的人因为遭遇失败而自暴自弃，甚至放弃生命，也有人会战胜失败，从而创造更大的成就，而导致这两种截然不同的结果的，首先便是当事者的心态。要知道外界的环境、已发生的事，这是我们无法改变的，我们唯一能掌控的就是自己的心情。

当我们能够将伤心、抱怨、悔恨、绝望等负面情绪转化为勇气和信心时，便能将困境变成生命里的一种激励、一个机遇，就像下面这个故事里的驴子一样，在调整心态后绝处逢生。

有一头驴不幸掉入了一个枯井里。枯井很深，驴的主人在一番营救后，终于放弃了，剩下驴孤零零地待在枯井中。没有食物，没有水，而每天都有不知情的人们往井里丢垃圾，那些剩菜、剩饭散发出难闻的气味，熏得这头驴简直无法呼吸，也使得它又脏又臭。

这头驴又生气又绝望，觉得自己太倒霉了，主人放弃了自己，还有那么多垃圾扔下来，真是让它连死也不能死得舒服一点儿。

一天天过去了，这头驴饿得头晕眼花，渐渐对被救不再抱有任何希望。当它奄奄一息的时候，求生的本能使它转变了自己的思维，它不再怨天尤人、一味等死，而是观察环境，找寻机会。它在那些垃圾里翻找着能吃的东西，即使再难以下咽，也要强迫自己吃下去，而剩下的垃圾就踩在脚底，避免自己被垃圾淹没。没想到那些令人讨厌的垃圾竟一点点增加了井底的高度，并渐渐接近井口，最终帮助驴重新回到了地面。

嫉妒看上去是对别人不满，其实是对自己不满

嫉妒好似一柄双刃剑，当你以为已将它刺进别人身体的时候，其实是将它插进了自己的心里。要知道别人得到的多或者少，与自己完全没有关系。珍惜自己所拥有的，争取自己所渴望的，才是让自己成功和幸福的正道。千万不要让嫉妒令心灵蒙尘，甚至毁了自己的人生。

尝试去欣赏别人的幸福吧，美好的一天将从欣赏他人开始。

嫉妒是什么？关于这个问题，下面这个故事也许能带给我们一些思考：

古时候有一个财主，他在 50 岁时才得了一个儿子，因此欣喜若狂，待之如珠似宝。随着儿子渐渐长大，财主却发现他只会笑，不会哭。这让财主很忧心，觉得太不正常了，便想方设法要让儿子哭出来。没想到儿子还是成天笑嘻嘻的，别人夺

走他的东西，他不哭，别人打他、骂他，他还是不哭。对此，财主十分无奈。

一天，有一位高僧前来财主家化缘，财主便请他给儿子诊治。为了证明自己所说的一切是事实，财主命仆人将孩子抱出来，当着高僧的面狠狠地打了孩子的屁股几下，孩子却只是皱了皱眉，很快就平静下来了。

“高僧，你说这孩子是不是脑子有问题？”

高僧没说话，想了想，便让仆人拿来一根香蕉和一串葡萄在孩子面前晃。

孩子伸出手拿了葡萄，微微一笑。

“我儿子从来不吃香蕉。”财主解释说。

高僧点了点头，说：“知道取舍，智力没有问题。”

财主突然拿走了孩子手上的葡萄，只见孩子愣了一下，并没有哭。“您看，失去东西他也不哭，这孩子不会是高僧转世吧？我的家产还指望他继承呢，我可不想失去他，您帮忙想想办法吧。”

高僧沉思了一会儿，端起桌上的果盘，带着众人来到财主家的大门前。门前有几个孩子在玩耍，高僧将他们叫到跟前，将香蕉都分给了他们。孩子们十分高兴，接过香蕉就剥开来吃。

就在这时，财主的儿子忽然伸出手指，指着香蕉大叫。

财主连忙拿起果盘里的葡萄递到儿子面前，哄道：“那是你不喜欢吃的香蕉，这才是你最爱吃的葡萄。”

没想到孩子一把夺过葡萄摔在地上，仍然指着香蕉叫。

几个孩子很快就吃完了香蕉，并且拿着香蕉皮冲财主儿子得意地笑。

“哇……”财主的儿子顿时大哭起来，这把财主和仆人都吓了一大跳。

儿子终于会哭了，财主惊喜之余却不太明白是怎么回事，便问高僧：“他从来都不吃香蕉的，怎么会为了香蕉而哭呢？”

高僧微微一笑，说：“世间很多人感到悲伤，不是因为自己失去了，而是因为别人得到了。”

故事中财主的儿子本来不必悲伤，因为香蕉并非他喜欢的食物，但他因为“自己不要，也不许别人得到”的心理而哭泣。由此及彼，想想生活中一些我们为之烦恼、悲伤的事，真的值得我们那样吗？他人得到的令我们羡慕甚至妒恨的一切，又真的是我们真心想要的吗？我们若产生嫉妒之心，是真的为了“要而不得”，还是出于和财主儿子一样的偏执心呢？

一位天使来到一对老夫妇面前，对他们说：“因为你们曾经帮助过上帝，所以上帝决定实现你们的三个愿望，并且你们的邻居也会因此受益，无论你们许下什么愿望，邻居都会得到你们所得的双倍。”

老夫妇听后非常高兴，当即许愿：“给我们一座小山一样高的稻谷吧，这样我们今年就不用耕种了！”

第二天早上，老夫妇果然在门前看到了一座小山似的稻谷堆。老夫妇俩高兴极了，又想着谷仓不够大，于是就决定到镇上买些木材来扩建谷仓。

半路上，他们碰到了邻居，谈话中才知道他也准备去买木材扩建谷仓。

邻居兴奋地说：“我今天发现家门前突然多了两座稻谷堆，

都跟小山一样高，真是太好了，今年和明年我都不用耕种了！”

顿时，老夫妇俩的好心情没有了，只觉得邻居高兴的样子十分碍眼。

过了一个星期，天使又来了，这对老夫妇又对天使许下了第二个愿望：“我们希望上帝能赐给我们一个可爱的孩子。”

很快，老妇人就有了身孕，10个月后生下了一个可爱的宝宝。老夫妇俩激动不已，正准备将这个好消息告诉亲朋好友，没想到还没出门，就看到邻居提着红蛋走进来，手舞足蹈地说：“我太太生了一对双胞胎！真没想到啊，我们还会有孩子！”

夫妇俩听了后心里百般不是滋味，得子的好心情一下子全没有了。

于是当天晚上，当天使再次来临的时候，被嫉妒冲昏了头脑的老先生许下了第三个愿望：“我希望上帝砍掉我的一条手臂！”

天使吓了一跳，只听老先生接着又愤怒地说：“我要让隔壁那个得意的家伙失去双手，一辈子都做不了事，哈哈！”

说完，老先生就跪了下来，等着天使砍去他的手臂，却久久没有等到天使行动。他抬起头，竟看到天使泪流满面。

天使悲伤地说：“你这个愿望上帝不会同意的，因为他爱这世上的每一个人。你知道吗，刚才你说出请求时，上帝伤心得掉下来眼泪。愚蠢的人啊，你何必为了伤害别人让自己也痛苦，同时又让上帝伤心呢？”

希阿荣博堪布大师在他的著作《寂静之道》中写道：“嫉妒表面上是对别人不满，实际上反映的是对自己不满。我们在哪些方面意识到自己的不足，就会在哪些方面表现出对别人的嫉妒。”故事里的老先生便是如此，他想要粮食、孩子，一开始也并不贪心，但当他发现邻居比他得到的更多的时候，他的理智一下子败给了嫉妒心。原本他可以用第三个愿望来弥补，可惜他被嫉妒之心蒙蔽，宁愿用伤害自己作为代价去伤害他人。

其实嫉妒完全可以成为我们心灵的探照灯，让我们更清晰地认识到自己的愿望和不足。当嫉妒心产生时，不要试图去破坏他人的幸福，而是应该放宽心胸，将目光集中在自身的幸福上，这样我们才有可能收获一段美丽的人生。

碰上梅雨季，你也得潮湿一阵子

人活世间，无论是谁都不能做到完全掌控事件的发生与发展，很多时候事情总是朝着我们不能预计的方向行进。青春年少时，也许我们从不缺少与未知或者厄运对抗的勇气，然而古语有云：“忍一时风平浪静。”有一种与之相应的观点是碰上梅雨季，你也得潮湿一阵子。

厦门大学新闻传播学院刚刚成立时，邀请了原著名央视主持人杨澜给厦大学子开了一场精彩的讲座。杨澜不愧为一名知性的成功女士，当天的讲座异常精彩，然而一个人的提问却打破了这种和谐。

当时，一名学生问杨澜：“你选择在事业的顶峰毅然去外国读书，你到底是怎么想的？为什么会放弃这么好的条件，难道这里有什么隐情？”

杨澜笑了笑，讲了她所经历的一件事。

有一年的春节晚会排演时共有 6 名主持人，多番彩排之后，导演组突然弃用了一位主持界的大姐，但又没人去通知她。第二天，当那位大姐兴冲冲地拿着礼服来到化妆间时，化妆师告诉她名单上没有她的名字，结果那位大姐黯然神伤地走了。当时杨澜就坐在一旁，这件事对她的触动很大。她通过这位主持大姐所遭遇的命运似乎看到了自己的未来。

从那以后，杨澜的内心一直对这一件事不能忘怀。她同情那位大姐，对台里那位导演不近人情的做法感到反感，她认为如果能事先通知那位大姐并做好安慰工作，就不会出现后来尴尬的局面。如果这么深的伤害降临在自己身上，又该怎么办？杨澜怎么也想不通。她开始感到世事无常，开始感到来自生活的恐惧。于是杨澜未雨绸缪，开始为自己积极地准备一条退路。

很多时候，选择放弃并不是一件容易的事，特别是杨澜当时正处在事业蒸蒸日上的时期。她非常珍惜自己现在所拥有的，可同时她也深深地明白：人要更好地生存就得牢牢地站稳脚跟，在珍惜眼前一切的同时，也要适当地学会放弃。于是她毅然在自己最红的时候选择了离开央视，去美国哥伦比亚大学国际及公共事务学院攻读国际事务硕士学位。用她自己的话说，“虽然我放弃了央视的工作，可我珍惜的是主持人这个职业，所以我去留学只为了提升自己，以便于将来更好地主持。”

杨澜留学三年回国后，加盟香港凤凰卫视中文台，开创名人访谈类节目《杨澜工作室》，并担任制片人和主持人。2000年，她创办了大中华区第一个以历史文化为主题的卫星频道——阳光卫视，出任阳光媒体投资控股有限公司主席。2001年，杨澜应邀出任北京申办2008年奥运会的形象大使。同年7月，在莫斯科国际奥委会会议上代表北京作申奥的文化主题陈述，她的精彩表现赢得了与会专家的高度评价，为我国赢得2008年的奥运主办权立下了汗马功劳。

从杨澜的职业发展来看，她选择在当红的时候离开央视是明智的，也正因为她勇敢地选择了放弃，并明确地知道该如何去珍惜，她才有时间去苦练内功，才有了后来更大的发展空间，取得了现在骄人的成绩。其实放弃并不是简单地躲避，而是为下一次的出发积蓄更大的能量。

《菜根谭》一书中有言："文章作到极处，无有他奇，只是恰好；人品做到极处，无有他异，只是本然。"也就是说，凡是将文章、人品做到最好的人，不是说他有什么出其不意的锋芒，而是要懂得退让，于平实中见真功夫。

让我们来看看张黎刚的一段人生简历。

1991年，放弃复旦大学生物系学位，赴美留学。

1998年，放弃即将获得的哈佛遗传学博士学位，回国任搜狐内容部经理、产品发展部总监。

2003年，放弃e龙CEO的职位，决定单干。

当年在复旦大学，张黎刚算得上是风云人物，可他总觉得目前的生活并不是自己想要的。最终他决定退学，并在接下来的3年里去了美国明尼苏达州的一所不知名大学上学。在国外的那段日子里，他每天要在餐厅地下室洗14个小时盘子，这给张黎刚上了最初的一堂创业课。可他的内心是欢乐的，面对复旦大学同学的质疑，张黎刚说："我洗盘子是为了赚钱，我在不知名的大学学到的同样也是知识，这并不相冲。"

有人说，张黎刚这个人遇见困难和挫折就躲，然而张黎刚却不这么认为。他觉得扼住命运的咽喉，与生活"死磕"并没有错，可是如果能有更好的选择，为什么不试着去尝试一下呢？也许下一个转弯处会有别样的风景。蛰伏不见得是懦弱，也许是在休养生息也说不定。

在张黎刚放弃 e 龙 CEO 职位后的一年，有人仍然在用一年前的那次放弃来质疑他。当时的张黎刚无论走到哪里，都要面对记者的“长枪短炮”，他每天要回答无数个“为什么离开 e 龙”的疑问。

对此，张黎刚是这样回应的。其一，公司做好与个人成就是两回事。其二，自己和 e 龙其他创始人都是给投资者当配角的，就算给他再多钱，这都不是他想要的。其三，张黎刚说，他其实早就有单干的考虑，之所以等待一年之久，是因为想给 e 龙一个交代，看到 e 龙步入正轨，所以他才会在全部股份到期的第二天辞职。“我有足够贡献在里边，应该得到那一部分。”张黎刚非常坦然。

碰上梅雨季，你也得潮湿一阵子。当然，年轻还有一个好处，就是我们输得起。当我们在工作中遇到不平之事，不妨学学杨澜，由己及人，平静思绪，为自己的将来早早做好打算。如果我们在生活中遇到烦恼，那么用张黎刚作为人生榜样绝不会错，勇于担起责任与追逐梦想，并从中找寻出最适合自己的模式。

让自己与这个世界好好相处 

与其说这个世界让我们失望，不如说是我们没有选对与这个世界相处的方式。人生的困境有时是自己编织出来的网，人生的绝境有时也是我们臆想出来的假象。

曾经有人说，上苍给我们的痛楚一定是在我们可以承受的范围内，是我们的敌对情绪使得这份磨砺显得痛楚难当。

想要青春的脚步走得更加顺畅，就别去与世界为敌，而是要找出办法，让自己与这个世界好好相处。

每当人们遭遇坎坷时，最常说的话恐怕就是：“我到底做错了什么，老天会这么对我？”其实谁的生活都不会是一帆风顺，总会有坎坷不平，如果因此而喋喋不休地指责这个世界，那么按照这个思路，霍金的一生岂不是要与整个宇宙为敌？

史蒂芬·霍金，英国最著名的理论物理学家。儿时的霍金虽然没有含着金汤勺出生，可他无疑也是父母眼中的心肝宝贝。那时的他聪明活泼，爱说爱动，没想到等他过了 21 岁生日以后，这一切戛然而止。经常无故摔倒的霍金被查出患有肌肉萎缩性硬化病。霍金一家顿时陷入愁云惨雾中，父母整日以泪洗面，抱怨这个世界到底是怎么了。

令人出乎意料的是，作为当事人的霍金反而没有被疾病击垮，他更加成熟，更加勤奋。他拖着病体屡创佳绩。

父亲想以男人和男人之间的对话开导他。父亲说："霍金，我知道你要强，不想被别人看扁，可是你的身体已经不允许你这么拼命，我看你最好还是保重身体，做些力所能及的事。"

霍金笑着回答："爸爸，你低估了自己的儿子，我做这一切并不是想证明给谁看，我只是想好好地和这个世界相处，像你们正常人一样。"就这样，1965 年，年仅 23 岁的霍金成为剑桥大学的一名研究员。

如今霍金全身只有 3 根手指可以活动，必须依靠安装在轮椅上的一个小对话机和语言合成器与人交流。以霍金的身体情况，有很多人看到他在科学研究上取得的成就都觉得不可思议。当别人问他怎样看待自己的疾病时，霍金总是回答："我根本不去想它，也不抱怨这种疾病让我无法去做一些事。"甚至还开玩笑说："由于残疾，我有了充分的时间来思考问题。"

霍金拥有令人不可思议的顽强意志，他甚至发明出在轮椅上跳舞，虽然只是简单的扭动，可对于他来说却是了不起的挑战。靠着这种与世界和平相处的勇气，霍金最终在研究相对论和量子力学的基础上，提出爆炸黑洞的理论，还研究时空的奇异性问题。他写出了两部书和一批科学论文，其中包括 1988 年出版的畅销书《时间简史》。

一位作家说过，“其实生命里那些让我们觉得过不去的坎，都是未来让我们成长蜕变的养分。当我们看清这个真相，自然就会发现，原来老天从不会让任何人走投无路，相反，是我们内心的恐惧和妄想，不肯与这个世界好好相处，才会逼得自己走入绝境。

曾经有一个年轻人，因为在工作中遇到了一点儿阻碍，就觉得这个世界对自己不公平，之后愤然扔下手里的研究工作，跑到乡下去散心。

年轻人走在田埂上，欣赏着早春农村的景色。当他路过一块农田时，发现由于这里刚刚经历过一次洪水的侵袭，所以长势良好的庄稼都被无情地毁坏了，田里一片狼藉，惨不忍睹。这时，远处一个正在劳作的农民进入了他的视线。

庄稼都成这样了，他还能忙什么？为什么不见他脸有悲戚之色？年轻人好奇地想。

走近后，年轻人发现那个农民正在补种庄稼，他干得非常卖力，脸上看不到一点儿沮丧的神情，反而还乐呵呵的。

“庄稼被毁掉了，你难道一点儿也不生气？”年轻人好奇地问。

农民笑着说：“我就算是气死，时间也不会重新来过呀，倒下去的庄稼也不会再像以前那样站起来。我跟这件事生气，只会使事情变得更糟糕。这都是上天的安排，你看洪水虽毁坏了我的庄稼，但是却给土地带来了丰富的养料，我敢保证今年一定是个丰收年。”

农民的话给了这个年轻人很大的触动。他想了想，转而回到公司继续工作。之后，年轻人好像变了一个人，不再像从前那样愤世妒俗，而是学会了微笑倾听。

后来，年轻人成了一位药剂师的助手。那时，婴儿因为没有合适的奶制品，死亡率很高，他便开始研究可以减少婴儿死亡的奶制品。在研制过程中，他经历过数不清的失败，甚至有的时候同事都看不下去了，觉得太过沮丧而想拉着他去酒吧喝上一杯，排解一下郁闷。可他自己倒是从不抱怨，而是以一贯的积极心态投入到研究中去。1867 年，他成立了自己的食品公司，用自己研制的奶制品挽救了一位母乳不足的婴儿的生命，从此开创了公司百年的辉煌历程。那个年轻人就是亨利·内斯特莱，他所创立的公司叫雀巢。

心理咨询师李子勋说:“要感谢这个世界给人类生活带来美丽多彩。”正是因为这个世界充满了喜怒哀乐，才让我们的生活异彩纷呈，它们能让我们走进痛苦的旋涡，同时也给我们太多意外的惊喜，所以调整心态，学会和这个世界好好相处，接受它们给予的磨难，同时也接受它们无私的馈赠。

当我们在青春的年纪经历了太多我们难以承载的事情时，不妨把这些当作是这个世界对我们的额外考验，我们要坚信，风雨过后才能见到彩虹，学着放松心态，并尝试着轻轻地对这个世界说一句:“你好。”

总说生活多烦恼，其实是不懂得品味

幸福是什么？它无法用一个标准去衡量，它是一种心境，更是一种智慧。幸福的真谛并不在于是否一帆风顺、事事如意，而在于我们能不能对人生的每一个阶段、每一种状态都欣然接纳。

认真品味生活里的各种滋味，我们会发现原来每一种滋味都值得回味，原来参差多态才是幸福生活的本源。

总是认为别人过得比自己好，总是认为现状非常糟糕……诸如此类的想法常常充斥在一些人的心中。然而这样想对我们的生活毫无裨益，反而会令我们忽略已拥有的美好，远离幸福。

要知道任何人的一生都不会一直走在康庄大道上，也不会十全十美，都会有遗憾和烦恼。我们不用去羡慕别人拥有什么，只需将自己的日子过得坦然愉快就好。

关于人生，下面这一则寓言故事颇引人深思。

从前有一只青蛙，住在一片离海不远的小湖里，过着简单而快乐的日子。

一些同伴劝它说：“我们搬到大海里去住吧，听说生活在大海里的龙王是世上最幸福的。”

青蛙摇摇头，说：“我们是青蛙，并不适合在大海居住，而且我觉得现在的生活挺好的，龙王的幸福又与我有什么关系呢？”

有一次，青蛙到海边去散步，意外地遇到了龙王。出于好奇，青蛙问龙王：“龙王，大家都说你是最幸福的，那你住的地方到底是什么样的呢？”

龙王答道：“我的宫殿是用珍珠和贝壳筑成的，屋檐十分华丽气派，厅柱又漂亮又坚实，非常富丽堂皇。那么你的住处呢？”

青蛙说：“我住的地方有清泉潺潺，泉水声犹如悦耳的音乐，还有如茵的绿藓覆盖，非常美丽。”

接着青蛙又问：“那龙王你高兴和发怒时分别是什么样的呢？”

龙王回答：“我高兴的时候就会普降甘霖，滋润大地，使得五谷丰登；发怒的时候就会放出电闪雷鸣、狂风暴雨，让千里以内都寸草不留。你呢？”

“我呀，我高兴时就会对着清风朗月呱呱地叫上一通；发怒时就先瞪眼睛，然后鼓起肚皮，最后气消肚瘪，万事了结。”青蛙说。

原来生活在豪华宫殿里，锦衣玉食、大权在握的龙王，也有发怒的时候。青蛙虽然生活在小湖里，却一样能活得逍遥自在，因为它善于用欣赏的眼光去看待自己所拥有的一切。龙王有龙王的生活方式，青蛙也有青蛙的生活方式，根本不必彼此羡慕，也无需强求自己去改变。

李叔同曾是我国有名的音乐家、美术家、书法家、戏剧活动家，后来剃度出家，成为得道高僧，被人尊称为弘一法师。

弘一法师在晚年时过着简单而闲适的生活。有一天，他的老友夏丏尊来拜访他。两人相谈甚欢，一直聊到了吃饭时间。饭菜上桌，两人就座后，夏丏尊发现弘一法师只配了一道咸菜下饭。

夏丏尊和弘一法师年轻时就认识，知道他曾过着风光无限的日子，不由对此颇为感触，便好奇地问道：“你不觉得这咸菜太咸了吗？”

弘一法师淡淡地说：“咸有咸的味道。”

吃完饭，弘一法师倒了两杯白开水，将其中一杯递给夏丏尊。夏丏尊又问道：“没有茶叶吗？为何喝这么淡的白开水？”

弘一法师微微一笑，说：“开水虽淡，淡也有淡的味道。”

从这段简单的对话里，我们可以感受到弘一法师对待生活的智慧和澄净的心境。

是啊，咸菜太咸，白开水太淡、太普通了，若是能多些美食，能在饭后来一杯香茗，该是多么惬意。可是人生从不随人们的意志来转移，总有一些事是我们不喜欢和无法改变的，那时该如何呢？与其陷在不满、抱怨、烦恼等不良情绪之中，倒不如调整心态，来什么就品味什么吧。

生命里的获得与成功是甜的，甜有甜的滋味；生活中的琐碎与重复是淡的，淡有淡的滋味。人生处于坦途时是甜的，甜有甜的滋味；人生处于低谷时是苦的，苦也有苦的滋味。

寺院里新来了一个小和尚，他看到寺里后院的草地一片枯黄，就跑去找老和尚，说:“师父，这草地都枯黄了，太难看，我们买点草籽来撒上吧。”

老和尚悠然答道:“等有空闲了再去买吧，什么时候都能撒，着急什么呢？随时！”

于是一直等到中秋，老和尚才把草籽买回来交给小和尚，说:“去吧，把草籽撒上。”

小和尚欢欢喜喜地去了。没想到起了风，小和尚一边撒草籽，草籽却一边随风飘散。

小和尚急忙来找老和尚，说:“师父，不好了，很多草籽都被风吹走了！”

老和尚又悠然答道:“不要紧，风吹走的草籽多半是空的，撒下去也不能发芽，所以担心什么呢？随性！”

这时又有不少麻雀飞了过来，专挑饱满的草籽吃。

小和尚见了更着急了，说:“师傅，不好了，饱满的草籽快被麻雀吃完了，这下糟了，明年这片地上肯定长不出小草了。”

老和尚说:“不要紧的，草籽那么多，麻雀吃不完。你就放下心吧，明年这里会长出小草的。”

可惜当天晚上又下起了大雨，小和尚担心草籽会被冲走，一晚上都没睡好。第二天一大早，他就赶忙跑去草地上查看，发现地上的草籽果然都不见了。

小和尚赶紧又来找老和尚求助:“师父，剩下的草籽又被昨晚的雨冲走了，怎么办呀？”

老和尚依然不着急，悠悠然说道:“不用急，草籽被冲到哪里，就会在哪里发芽。随缘！”

后来后院那块地上果然长出了许多青翠的草苗，连原来没有撒草籽的角落也长了不少。

小和尚十分高兴，忙向老和尚报告这个好消息：“师父，太好了，草长出来了！”

老和尚微微点头，慢条斯理地说了两个字：“随喜。”

随时、随性、随缘、随喜，老和尚所说的这八个字正是一种随遇而安的处世智慧。

随遇而安，并非不思进取，而是要学会以安然恬淡的心态去面对人生的种种变幻。“人生有所求，求而得之，我之所喜；求而不得，我亦无忧。”

追两只兔子，难免会一无所获 

纵观古今中外的成功人士，从他们的身上我们可以发现，他们一旦定下目标，便会专心致志、全力以赴。是的，只有专一，才能造就成功。专一于成就一种事业，专一于达成一个目标，专一于做好一件事情。一旦我们这么做了，便能“有志者事竟成”。

相反，想同时追捕两只兔子的人，难免最终一无所获。

明朝万历年间，北方有女真为患，可山海关却已因年久而残损，上面的题字“天下第一关”的“一”字早已脱落。当时的皇帝为了抵御强敌，振奋军心，决定整修长城，并召集全国书法名家重写那个“一”字。各地的书法家听到这个消息后，陆续前去挥毫献墨，然而始终没有一个人能描摹出“天下第一关”原来的韵味。于是皇帝又下达命令，在全国征选作品，并宣布谁能写好就给予重赏。

出人意料的是，经过一轮又一轮严格的品评筛选后，最终中选的不是书法名家，甚至不是善于书法的人，而是山海关旁一家客栈里的店小二。

正式题字的那一天，山海关前被挤得水泄不通，官家准备了上好的笔墨纸砚，人们屏息等待着这个店小二现场挥毫。店小二来了，他抬起头，看了看山海关的牌楼，却没有拿起官家准备的笔，而是拿起自己带来的一块抹布往砚台里蘸墨，随即口中大喊一声“一”。只见与此同时，白纸上出现了一个气势恢宏、绝妙无比的“一”字。人们在愣了一会儿后，当即响起了如雷的掌声，久久不息。

有人好奇地问店小二，能写得这样好，是否有什么秘诀。店小二愣在那里想了许久，才勉强回答说：“其实我没有什么秘诀，也许是因为我在这里做店小二做了三十多年，每次擦桌子的时候，我就望着牌楼上的‘一’字，一挥一擦，就这样而已。”

原来原因如此简单，店小二三十几年来对着这个字，天天看，天天练，熟能生巧，所以他能够将这个字练到惟妙惟肖、炉火纯青的地步。

诚然，无论是干大事，还是干小事，专心一致都是必要的。千万别学童话故事《小猫钓鱼》里那只三心二意的小猫，一会儿捉蝴蝶，一会儿抓蜻蜓，最后只能空手而归。

慧远禅师是杭州灵隐寺的住持，他年轻的时候很喜欢四处云游。有一天，他在河边休息时，遇到一个喜欢抽烟的人。那人给了他一个袋烟，随后两人一边抽烟一边谈话，相谈甚欢。分别时，那个人特意将一根烟管和一些烟草作为礼物送给慧远禅师，慧远禅师高兴地接受了。

可是走了一段路后，慧远禅师忽然想到，烟草这东西很可能会影响到他的禅定，抽的时间长了的话，还会成为难以改掉的恶习，便将它们都扔掉了。

有一段时间，慧远禅师迷上了《易经》，他便专心研习，且颇有心得。一年冬天，他写信给老师请求寄些过冬的衣服，没想到信寄出去后，他一直等到春天都快来了也没有收到回音。他便用《易经》的知识给自己占了一卦，结果显示那封信并没有寄到。也就是这一次，他忽然想到，如果自己沉迷此道，又如何能全心全意地参禅呢？于是他又放弃了研习《易经》，也不再轻易使用易经之术。

又有一段时间，慧远禅师迷上了书法，每天都刻苦练习。他在这上面显然是颇有悟性，很快就小有成就，甚至好几个书法家都对他的书法称赞不已。不过没过多久，慧远禅师再次省悟，认为自己又偏离了正道，如果再这么钻研下去，也许自己会成为一个书法家，却不是他最初期望成为的禅师。

从此以后，慧远禅师再也没碰过与禅无关的东西，全心全意地参禅，最终成为一位禅宗高僧。

大千世界，能令人产生兴趣的事情太多了，然而只有专心致志地去做一件事，才能将它做好，做成功。当我们定下了要实现的目标时，就要学会静下心来，专一地去做，不要一味求多，而是要做到一个，再定下一个。

俗话说，贪多嚼不烂，人的时间、精力毕竟有限，分配在这件事情上的多一点儿，那么另一件事就只能少分一些。若是什么都想干，必然会适得其反，最后什么都干不好。

有一个年轻人大学毕业后决心好好做一番事业，他拿出纸笔，记下了自己想要达成的所有目标，然而几年过去了，却一个目标也没有实现。他感到非常烦恼，于是去找智者寻求帮助。

智者耐心地听完年轻人的倾述，说：“你帮我烧一壶开水吧。”

年轻人在屋子里找了一个水壶，装满水后放在炉子上，这时他才发现没有柴火，便去屋外找了一些枯枝。可是因为壶太大，水又太多，那些枯枝都烧完了，水还没有沸腾。他只好又跑出去找柴，但等他找到柴火回来，却发现水已凉了许多，柴又不够了……

年轻人正准备再去找些柴火时，智者叫住了他，“如果柴不够，你要怎样把水烧开呢？”

年轻人想了想，之后摇了摇头。

“是不是可以把水倒掉一些呢？”智者提醒他。

年轻人恍然大悟，点头说：“对啊，我怎么没想到呢。您等一下，我马上把水烧好。”

智者笑了，说：“不用了，我的目的不是要你烧水，而是想让你明白烧水的道理。你的人生也是这样，你一开始就树立了太多目标，就好像这个水壶里装了太多水一样。可惜你的柴火并不够，所以水总是烧不开。如果你想烧开水，就该先准备好足够的柴火，或者考虑倒掉一些水啊。”

年轻人得到启示，回去后重新规划人生计划，删掉了那些大而远的目标，从最小的目标开始做，同时不忘积极地给自己充电。几年后，他的大部分目标果然都实现了。

中国有句老话，三百六十行，行行出状元。西方也有谚语说，条条大路通罗马。如果我们的成功便是做那状元和抵达罗马，那么的确有千百条路可供选择，可是一个人毕竟只能选一条路，也很少有人能做到多个行业的状元。因此渴望成功的我们应该先确定自己的目标，认清自己的优势，再选择一条路，专心向成功进发。

岁月是公平的，从不多给人一秒，也不少给人一秒

时光流逝，万物更新。岁月是公平的，从不多给任何人一秒，相反也不会少给任何人一秒。每个人都会因时光的飞逝而经历人生中一个个重要的转变，从幼稚到成熟，从冲动到沉着。珍惜青春年少吧，趁着阳光正好。

英国哲学家、社会学家斯宾塞曾经说过：“必须记住我们学习的时间是有限的。时间有限，不只是由于人生短促，更由于人事纷繁。我们应该力求把我们所有的时间用去做最有益的事情。”

提起作家林清玄，在台湾可谓是无人不知、无人不晓。关于他珍惜时间这件事，还有一个非常隽永的故事。

在林清玄读小学的时候，他的外祖母去世了。林清玄哀痛的日子持续了很久，爸爸妈妈也不知道该如何安慰他，就只好欺骗他说外祖母睡着了。

小林清玄问:“那她什么时候醒来呢？”

爸爸妈妈只好说了实话:“外祖母永远不会回来了。”

“什么是永远不会回来了呢？”小林清玄问。

“所有时间里的事物都永远不会回来了。你的昨天过去了，它就永远变成昨天，你再也不能回到昨天了。爸爸以前和你一样小，现在再也不能回到你这么小的童年了。有一天你会长大，你也会像外祖母一样老。有一天，当你度过了你的所有时间，也会像外祖母一样永远不能回来了。”爸爸说。

爸爸等于给小林清玄说了一个谜，这个谜比“一寸光阴一寸金，寸金难买寸光阴”还让他感到可怕，比“光阴似箭，日月如梭”更让他有一种说不出的滋味。

从那以后，小林清玄每天放学回家，在庭院里看着太阳一寸一寸地沉进了山头，就知道一天真的过完了。虽然明天还会有新的太阳，但永远不会有今天的太阳了。

有一天，小林清玄放学回家，看到太阳快落山了，就下决心说:“我要比太阳更快地回家。”他狂奔回去，站在庭院里喘气的时候，看到太阳还露着半边脸，就高兴地跳了起来。

那一天他跑赢了太阳，以后便常做这样的游戏，有时和太阳赛跑，有时和西北风比赛，直至最后，他开始学会和时间赛跑，跟自己赛跑。有时候一个暑假的作业，他抓紧时间10天就做完了。那时的小林清玄三年级，却常把哥哥五年级的作业拿来做。每一次比赛胜过时间，他就快乐得无法形容。

后来的20年里，他一直把这个习惯保持了下去，并且因此受益无穷。他后来在书中写道:“我知道人永远跑不过时间，但是可以比原来跑快一步，如果加把劲，有时可以快好几步。那几步虽然很小很小，用途却很大很大。也许，它就是你赢得了时间的凭证。”

岁月是公平的，从不多给人一秒，所以几乎一切有重大建树者，无一不惜时如金。古书《淮南子》有云：“圣人不贵尺之璧，而重寸之阴。”汉乐府《长歌行》有这样的诗句：“百川东到海，何时复西归？少壮不努力，老大徒伤悲。”晋朝陶渊明也有惜时诗：“盛年不重来，一日难再晨，及时当勉励，岁月不待人。”

既然一生的时光是有限的，那么让我们趁年轻学会珍惜时间吧，把握住属于自己的青春时光，让年轻的脚步不迷茫，不彷徨，朝着充满阳光的远方前行。

年轻时不折腾，你要青春干吗呢 

青春是经历人生试炼的阶段．经历了青春的涅槃，我们才会重生为一个真正有意义的人。“年轻就要多折腾。在这个飞速发展的时代，如果我们没有背景，不能拼爹，就只能拼命努力，足够勤奋。”无数成功人士用自身的经历告诉我们，年轻时多折腾，你才有希望成功。

仅仅凭借 7 元钱，用了短短 4 年时间，在互联网广告市场里就斩获了 1.2 亿元资产。谈起这段经历，没有人比北京力美广告 CEO 舒义更清楚天堂与地狱之间的距离。独特的眼光和勇于折腾的精神使他在一次次败北后依然能够东山再起，并最终杀出一条血路。

在别人眼中，舒义是含着金汤勺出生的富二代。20 世纪 80 年代时，他的父亲是远近闻名的百万富翁。然而天有不测风云，舒义上小学时，父亲生意失败，家里一下子陷入了困境，父亲要凑齐他的几十元学费都很困难。看着父亲的眼泪，舒义告诉自己，无论如何，自己将来一定要成功。

后来，舒义考进了四川师范大学。经济头脑不错的他在校园里做起了生意，销售文具，代理销售英语报纸。同学们都劝他别太折腾了，应该把精力都放在学业上，将来找个好工作比什么都重要。可舒义数着赚来的 2 万块钱，心里又萌生了新的想法。

四川大学生网招聘人员去拉广告，舒义毛遂自荐，并通过这份兼职首次接触了 IT 行业，把刚在美国崭露头角的脸书（Facebook）模式融入电子商务理念，创建了网站 blogku，在成都 IT 界引起了不小的轰动。但轰动不能带来直接收益，无资金、无渠道推广，网站要健康活下去几乎不可能。舒义拿着计划书四处寻找投资商，跑了大半年，结果一分钱也没拿到。

一次，与一位投资人的见面让舒义深受打击。当他拿着计划书忐忑地坐在对方面前时，那位 40 岁的投资人跷着二郎腿坐在沙发上，眼里满是不屑，并倨傲地说“我凭什么借钱给你？你进过几次五星级酒店？”舒义回道：“虽然我现在没你成功，没你有钱，但我在 40 岁之前一定会比你成功！”

然而做事业并不是空谈，身背 2 万元债务的舒义最终只得关掉网站，他的首次创业宣告失败。

为了还债，舒义只得去一家公司打工，领着 1600 元的月薪，日子捉襟见肘。半年后，一直没有放弃在互联网上寻找机会的舒义盯上了地方网站广告代理，之后成立了力美互动广告有限公司。他的这一举动引来朋友们的不解，“你的工作刚刚稳定，抓紧攒钱买房子才是正经，你非得要折腾下去吗？”对此，舒义有着自己的逻辑，他觉得如果不趁着年轻好好折腾一回，那么这青春还有什么意义呢？

没过多久，舒义的公司成立了。公司是有了，可得有单子才能活下去，舒义一无背景，二无门道，哪家互联网公司敢把广告业务交给他？公司运营举步维艰，眼看就要走投无路。就在这时，幸运女神竟向舒义抛出了橄榄枝，机会来了！

大名鼎鼎的腾讯公司到成都开拓市场，成立“大成网”。舒义敏锐地意识到这是一个难得的机会，他辗转找到腾讯西南区的区域总监，提出想要代理大成网的地方广告。话刚一出口，就被对方呛了回来。“代理可以，但必须先交齐 16 万元保证金。”舒义拼尽全力筹得了 16 万，就此开始将事业一步步做得风生水起。

一个人的眼界决定了他的视野，一个人的思维决定了他的高度，一个人的格局决定了他的将来。一个敢于折腾的年轻人，他的未来将有更多种可能。

一个年轻人在不到 4 年的时间里竟然成为纽约证券交易所最年轻的上市公司 CEO，他的名字叫陈欧。

陈欧，80 后，中国第二代企业家，荣膺《财富》杂志中国 40 位 40 岁以下的商界精英。他毕业于新加坡南洋理工大学，后来又拿到了美国斯坦福大学的 MBA 学历，再加上人长得又帅，简直是高材生 + 高富帅。

陈欧大学时学的是计算机，业余爱好是打游戏比赛挣钱。和时下大多数大学生一样，颇有天赋的陈欧在大学期间经常参加游戏比赛。但有所不同的是，别的参赛选手把打游戏当作生活，而陈欧只是在参赛前的三四天才抽空练习一下。那时，他的最好成绩是曾获新加坡《魔兽争霸》前三。玩游戏并没有让他上瘾，反而让他通过参加游戏比赛发掘到了巨大的市场机会。

还在读大四的陈欧仅仅靠一台笔记本电脑就创办了在线游戏对战平台 GGgame。当时东南亚的游戏市场做得很差，作为一名资深游戏玩家兼程序员，陈欧认为既然市场不够好，不如自己来完善它。GGgame 迅速风靡世界，短时间内吸引了数量庞大的游戏玩家，成为中国之外最大的游戏对战平台之一。

陈欧大学没毕业就顺利地挖到了人生的第一桶金，但是不要以为高富帅的人生就是顺风顺水。陈欧自己都曾说："谁都觉得我特别顺，斯坦福毕业之后立即创业，迅速拿到投资，四年后迅速上市，而且我的股权份额占比之高超出了所有人的预料。可是谁都不知道，我是怎么从一个个坑里爬出来的，我的人生说白了就像是一个蹦床，反复的折腾之下，我才有了今天的成就。"

陈欧改做电商的时候，当时中国的电商市场是这样的状况：马云的阿里巴巴已在电商领域深耕多年，刘强东刚刚拿到新一轮 2100 万美元的融资，做化妆品的电商乐峰网也已获得红杉资本千万级别的投资。巨头环伺，同业纷争，但是狭路相逢勇者胜。陈欧拿着徐小平 20 万美元的投资"勇敢亮剑"，并在短短 4 年内把聚美优品带到美国纽约股票交易所上市。

勇于冒险，敢于折腾，这几乎成了新一代富豪的成功座右铭。折腾不仅仅是决不安于现状，同时也要面对强敌勇敢亮剑。陈欧创立聚美优品时电商市场已是山头林立，可他硬是凭着年轻人勇于折腾的狠劲，成功地为自己在电商行业谋得了一席之地。

有人说青春就是拿来挥霍的，这个挥霍就是在我们还年轻时，一定要记得不要选择安逸的生活。趁着年轻，趁着时间与身体还允许我们行走，请珍惜我们的上场机会，赶紧去折腾吧！

你不是最好的，但你能变得更好 

人外有人，山外有山，你敢轻易说自己是最完美的吗？虽然你不是最好的，但你能通过奋斗不断突破自我，让自己变得更好。踏踏实实地做好自己，将自己的优势充分发挥出来，让生命在不断超越自我的过程中闪光。

人活在这个世界上的意义从来不是去比较谁更美丽、更智慧、更有钱。作为一个平凡人，我们每个人都有许多缺点和弱点。只要能不断超越自己，便是一种成功了。

有一天傍晚，园丁来到花园散步，却意外地发现园子里的花草树木几乎都是愁眉苦脸的样子。园丁颇为惊讶，便询问了一番，这才知道原来它们在彼此羡慕、抱怨。

橡树觉得自己没有松树那样俊秀，松树又觉得自己没有葡萄树好，因为它不能结出香甜多汁的果子……

园丁在花园里走了一圈，发现只有花园角落里的一棵小草在夕阳里绽放着愉悦的笑容。

园丁讶异地问小草：“大家都因为攀比而感到郁闷，与它们比起来，你显得这么渺小，为什么你没有抱怨，反而如此生机勃勃呢？”

小草微笑着回答：“我不是橡树，也不是松树，我是一棵小草呀，我只要快乐地做好自己就好了。”

小草的话赢得了园丁的赞许，也给了我们关于人生的启示：与其羡慕别人，不如快乐地做好自己。

生活中，如果像故事里的橡树和松树那样为人处世，无异于是在庸人自扰。这种人看不到自己的优势，却成日关注他人的风光，甚至为此产生怨恨心理，结果弄得自己终日愁云惨雾。像小草那样多好，不一味羡慕他人的优秀，也不为自己的平凡渺小而自卑，因为每个人都是独一无二、不可替代的。

勇敢做自己吧，虽然你不是最好的，但你完全有能力让自己变得更好。

1972 年，新加坡旅游局提交给总理李光耀一份报告，大意是说：新加坡没有中国的万里长城和秦始皇陵兵马俑，也不像日本有富士山，也不像埃及有金字塔……新加坡没有什么名胜古迹，只有一年四季直射的阳光，因此要想在新加坡发展旅游事业，就像是巧妇难为无米之炊一样，是不可能的。

当时李光耀在看了这份报告后，只在上面批了这样一行字：你希望上帝给我们多少东西呢？阳光，我们有阳光就足够了。

旅游局的工作人员看到这行批文，霎时间犹如醍醐灌顶，是呀，他们可以好好利用自己的优势——阳光。

之后，新加坡开始大力提高城市的绿化覆盖率，一年四季直射的阳光使这些努力很快就有了成效。新加坡实现了华丽转身，从一个居住环境恶劣的小国变为闻名世界的“花园国家”，旅游业成为新加坡外汇主要来源之一。

是啊，我们到底希望上帝给我们多少东西呢？世界上所有的人与事本来就是参差多态的，有高有低，有多有少，没有人可以奢求上帝将所有的美好都给他。在这个故事里，新加坡旅游局工作人员的思路一开始陷入了误区，他们将目光集中于去关注别的国家有什么优势，却忘了自己也有独特之处。事实证明，当人们善于利用自己的独特之处从而促进自身成长时，一样可以获得成功。

有一匹叫作春丽的赛马是日本人的偶像，令人惊讶的是，这匹赛马简直是失败的代名词，在它参与的所有比赛中，它从来没有跑赢过！

1998 年 11 月，春丽在高知赛马场首次参与比赛。此后 6 年，它一直不停地跑，却是每战必败，从没有得过第一。到 2003 年年底时，这匹总是输的赛马已经创下多达 100 次的连败纪录。日本 NHK 电视台在某日晚间新闻时播出了一个名叫“连败巨星”的专辑，春丽因此成为日本家喻户晓的明星。

人们不信邪，认为春丽得不到冠军和骑手有关系。在 2004 年 3 月 22 日，日本人气最旺的骑士武丰来担任了春丽的骑手，他决心一定要让春丽也尝一尝夺冠的滋味。这次赛马比赛吸引了非常多的人，为了进场、买马票和各种纪念品，观众要排队两个多小时，连日本首相也十分关注比赛成绩。

然而奇迹并没有出现，此次共有 11 匹赛马参赛，春丽只跑了个第 10 名。这已经是春丽的第 106 次失败了，可这惨不忍睹的败绩并没有减少观众们对春丽的热情，很多人又提出让春丽做“女主角”拍电影。

一匹总是输、从未成功过的赛马为什么会让人们如此喜爱呢?

也许是因为人们从春丽的身上看到了自己的人生吧。虽然春丽一直失败，但它依然在不断地跑，明知不会赢，却始终不愿意放弃为自己争取一个表现的机会。这是一种看淡成败得失的豁达心态，也是“努力”这两个字的真正意义的完美诠释。

就像我们每一个人，也许做不了最好、最优秀的，却可以做更好的自己。只要今天的自己比昨天好，明天的生活比今天好，那么当我们暮年时回首青春，也就没有什么遗憾的了。

人生不迷茫，青春不落幕